地球史诗

46亿年有多远

苗德岁 著

青岛出版集团 | 青岛出版社

图书在版编目（CIP）数据

地球史诗：46亿年有多远 / 苗德岁著 . — 青岛：
青岛出版社，2021.7（2022.7重印）
ISBN 978-7-5552-8842-8

Ⅰ . ①地… Ⅱ . ①苗… Ⅲ . ①地球科学－青少年读物
Ⅳ . ① P-49

中国版本图书馆 CIP 数据核字（2021）第 078339 号

DIQIU SHISHI: 46 YI NIAN YOU DUO YUAN

书　　　名	地球史诗：46亿年有多远	
著　　　者	苗德岁	
出 版 发 行	青岛出版社	
社　　　址	青岛市海尔路 182 号（266061）	
本 社 网 址	http://www.qdpub.com	
总 策 划	张化新	
策　　　划	连建军　　魏晓曦	
责 任 编 辑	宋华丽	
特 约 编 辑	施　婧　　廿　一	
美 术 总 监	袁　堃	
美 术 编 辑	李　青	
印　　　刷	青岛海蓝印刷有限责任公司	
出 版 日 期	2021 年 7 月第 1 版　　2022 年 7 月第 3 版第 9 次印刷	
开　　　本	715 mm×1010 mm　　1/16	
印　　　张	11	
字　　　数	120 千	
书　　　号	ISBN 978-7-5552-8842-8	
定　　　价	58.00 元	

编校印装质量、盗版监督服务电话　4006532017　0532-68068050
建议陈列类别：少儿 / 科普

书中自有新天地

送给能静心读书的你

总 序

沈树忠

中国科学院院士、地层古生物学家

　　我与苗德岁先生相识 20 多年了。2001 年，我从澳大利亚被引进中国科学院南京地质古生物研究所，就常从金玉玕院士那里听说他。金老师形容他才华横溢，中英文都很棒，很有文采。后来，我分别在与张弥曼、周忠和等多位院士的接触中对他有了更多了解，听到的多是赞赏有加，也有惋惜之意，觉得苗德岁如果在国内发展，必成中国古生物界栋梁之材。

　　2006 年到 2015 年，我担任现代古生物学和地层学国家重点实验室主任时，实验室有一本英文学术刊物《远古世界》，我是主编之一。苗德岁不仅是该刊编委，而且应邀担任英文编辑，我们之间有了更多的合作和交流。我逐渐地称他"老苗"，时常请他帮忙给我的稿子润色，因为他既懂英文，又懂古生物，特别能理解我们中国人写的古生物稿子。我很幸运认识了老苗。

老苗其实没有比我大几岁，但在我的心中，他总是像上一辈的长者，因为他的同事都是老一辈古生物学家，是我的老师们。

近年来，老苗转向了科普著作的翻译和写作，让人感觉突然变得一日千里，他的文笔、英文功底都得到了充分发挥，翻译、科普著作、翻译心得等层出不穷。我印象最深的是他翻译了达尔文在 1859 年发表的巨著《物种起源》，感觉他对达尔文的认知已经远远超出了文字本身的含义，他对达尔文的思想和探索精神也有深刻的理解。

我从事地质工作最初并不是自己喜欢的选择。1978 年，我报考了浙江燃料化工学校的化工机械专业，由于选择了志愿"服从分配"，被招生老师招到了浙江煤炭学校地质专业。当时，我回家与好朋友在一起时都不好意思提自己的专业——地质专业当年被认为是最艰苦的行业，地质队员"天当房，地当床，野菜野果当干粮"的生活方式让家长和年轻人唯恐避之不及。

中专毕业以后，我被分配到煤矿工作，通过两年的自学考取了研究生，从此真正地开始了地球科学的研究。宇宙、太阳系、地球、化石、生命演化等词汇逐步变成我的专业语汇。我一开始到了野外，对采集到的化石很好奇，还谈不上对专业的热爱，慢慢地才认识到地球科学充满了神奇。如果我们把层层叠叠的岩石露头（指岩石、地层及矿床露出地表的部分）比作一本书的话，那么岩石里面所含的化石就是书中残缺不全的文字；地质古生物学家像福尔摩斯探案一样，通过解读这些化石来破译地球生命的历史，回顾地球的过去，并预测地球的未来。

光阴似箭，转眼间40年过去了，我从一个学生成为一位"老者"。随着我国经济实力的增强，地球科学的研究方式也与以往不可同日而语。由于地球科学无国界，我不但跑遍了祖国的高山大川，还经常去国外开展野外工作。实际上，越是美丽的地方、没人去的原野，往往越是我们地质工作者要去的地方。

近些年来，野外的生活成了城市居民每年都在盼望的时光，他们期盼到大自然最美的地方去度假。相比而言，这样的活动却是我们地质工作者的日常工作。每逢与老同学聊天、相聚，他们都对我的工作羡慕不已。就像英国博物学家达尔文当年乘坐"贝格尔号"去南美旅行一样，过去"贵族"所从事的职业成了如今地质工作者的日常工作。

40多年的工作经历使我深深地感受到，地球科学是最综合的科学之一，从数理化到天（文）地（理）生（物）的知识都需要了解。地球上的大陆都是在移动的，经历了分散—聚合—再分散的过程，并且与内部的物质不断地循环，火山喷发就是其中的一种方式。地球的温度、水、大气中的氧含量等都在不停地变化，地球还有不断变化的磁场保护我们。地球生命约40亿年的演化充满了曲折和灾难，有生命大爆发，也有生物大灭绝，要解开这些谜团，我们需要了解地球；而近年来随着对火星、月球的探索加强，我们更加觉得宇宙广阔无垠，除了地球，还有更多需要我们了解的东西。

我小时候能接触到的优秀科普书籍极少，因而十分羡慕现在的青少年，能够有幸阅读到像苗德岁先生这样的专家学者为他们量身打造的科普读物。苗德岁先生的专业背景、文字水平和讲故事能力，使这套书格外地与众不同。希望小读者们在学习科学知识的同时，也学习到前辈科学家孜孜不懈地追求真理的科学精神。

给少年朋友的话

苗德岁

美国著名作家理查德·福特写过一个六句话的极短篇——《当地球消失时》："世界上没有什么比这更令人希冀的了，那就是知道你所喜欢的女人，在某个地方正思念着你——而且，她只想着你。反之，世界上没有什么糟糕的事，堪比连一个思念你的女人都没有了。或者更糟糕！由于你的愚蠢，她离开了你。这好比你从飞行中的机窗内往外看，发现地球消失了。这样的孤独是无与伦比的。"

1968 年 12 月 24 日，正在"阿波罗 8 号"宇宙飞船上做环月旅行的三位美国宇航员，在月球的另一边，成了人类历史上头一次看不见地球的人。他们经历了福特所形容的那种"无与伦比的孤独"，用他们后来的话说："没有地球的宇宙，完全是浩瀚、荒凉、令人不寒而栗的空无。"

地球是宇宙间我们赖以生存的唯一家园。自人类文明出现以来，人们一直满怀好奇地探索着有关地球的各种各样的问题，比如它的大小、形状、组成及年龄，它在宇宙中的位置，它的起源和历史，等等。研究地球的学问，总称为地球科学。

通过这本书，我不仅要向你们介绍上述问题的答案，而且会介绍一些常见的地质现象（包括地质灾害）、它们形成的原因以及世界上经过地质作用雕塑出来的著名景观。

在本书中，我将带领你们一同破解长期以来困扰你们、却无处寻找答案的地球奥秘，为你们讲述有关地球的史诗般的故事。

目 录

三 地球躁动有活力

四 石头记载演化史

"不识庐山真面目，只缘身在此山中。"

　　作为身在地球上的"地球人"，你们有没有问过自己："我了解地球吗？"

　　也许你们会发现，自己对这颗"石火光中寄此身"的星球，还真的了解甚少呢！

　　那么，在本章，我就帮助你们初步认识一下地球的真面目。

一　初识地球真面目

"阿波罗8号"的惊鸿一瞥

春秋末期的思想家曾子说："如诚天圆而地方，则是四角之不揜也。"意思是，如果天是圆的，地是方的，那么地的四角就无法被天遮掩了。

中国古代的"天圆地方说"不仅仅是天文观念，更属于一种哲学观念。

在人类历史相当长的时间里，人们对自己安身立命的家园——地球了解很少。

在现代科学技术诞生之前，人们连地球究竟是什么样子也不十分清楚，比如古代中国人认为"天圆地方"。南北朝民歌《敕勒歌》中说"天似穹庐，笼盖四野"，意思是圆圆的天穹笼罩着大地的四面八方。

古代西方人对地球的认识，也高明不到哪里去，否则他们就不会把我们居住的这颗星球称作"地球"（earth 的本意为泥土）了。

现在，我们知道，地球表面超过70%是水域，只有不足30%是陆地，从外表看是颗大"水"球。可它被称作"地"球，是不是有点儿名不副实呀？

1968年12月24日，"阿波罗8号"宇宙飞船围绕月球飞行时，美国宇航员拍摄了一张地球升起的彩色照片。正如"阿波罗8号"上的宇航员博尔曼看到此情此景时所惊呼的那样："我的天哪！快看那里，地球升起来啦。哇，真是太美了！"人类终于识得了地球真面目。

○ 宇航员从太空中捕捉到的奇观——"地球正在冉冉升起"

用艾略特的话说，我们第一次认识了这个地方。这是一颗美丽的、以蓝色和白色为主色调的星球，是太阳系乃至宇宙中迄今所知唯一存在着生命的星球——它是茫茫宇宙中的生命之舟。

承载这条生命之舟的，正是地表上的水。除了水，令生命欣欣向荣的还有大气中的氧气等气体，以及太阳射来的光芒。而地球距离太阳既不太远，又不太近，才使这一切成为可能。

We shall not cease from exploration
我们不应该停止探索
And the end of all our exploring
我们所有的探索
Will be to arrive where we started
最终将回到我们的起点
And know the place for the first time
并第一次真正认识这个地方
　　　　　——英国诗人艾略特

3

地球在宇宙中的位置

了解科学元典

《天体运行论》是哥白尼的代表作，提出了日心说，标志着近代天文学的诞生。

在科学史上，以"革命"二字冠名的只有两个人：哥白尼（革命）和达尔文（革命）。哥白尼揭示了地球在宇宙中的正确位置，达尔文则确立了人类在自然界中的正确位置。

在科学革命发生之前，地球一直被认为是宇宙的中心，太阳是绕着地球转的。直到 16 世纪，哥白尼提出了日心说，才推翻了地心说，实现了天文学的根本变革，并逐步确立了地球在宇宙中的正确位置。

宇宙由无数个星系组成，银河系只是其中之一。银河系由上千亿个星体组成，其中包含地球所在的太阳系。

地球在太阳系八大行星中，是从内到外的第三颗行星。由于地球跟太阳保持着"若即若离"的适当距离，便意味着它刚好接受了适度的太阳能（光和热）。

哥白尼有两句名言：

To know that we know what we know, and to know that we do not know what we do not know, that is true knowledge.

弄清我们了解自身的所知，并且弄清我们了解自身的无知，方为真知。

（这与孔子的"知之为知之，不知为不知，是知也"有异曲同工之妙。）

Every light has its shadow, and every shadow hath a succeeding morning.

每一束光都有其阴影，而每一片阴影都是曙光的先兆。

太阳是个炽热的大火球，它的表面温度约为 6000 摄氏度。我们之所以没被热死，并不是"后羿射日"的结果，而是因为我们跟太阳保持着一定的距离（大约 1.5 亿千米）。再加上大气圈臭氧层的保护作用，地球上的平均气温约为 15 摄氏度，比其他星球更适合生物生存。

换句话说，如果地球离太阳更近一些的话，地球上会变得太热；如果地球离太阳更远一些，地球上又会变得太冷。两种情形都不适宜绝大多数生物生存。

由此看来，占据什么样的位置，无论是在自然界还是在人类社会，都是至关重要的。

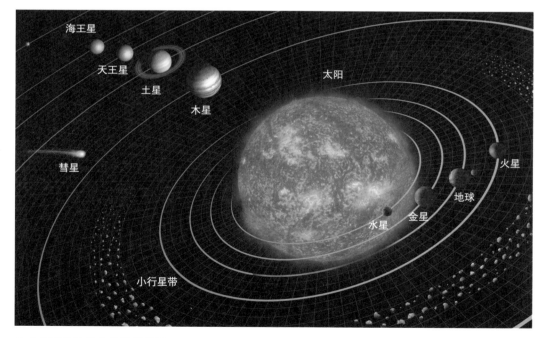

○ 太阳系及地球的位置示意图

地球的大小和形状

地球虽然在我们的心目中很大（平均半径约6400千米），但在浩瀚的宇宙中，它只是亿万个星球中一颗微不足道的小星球。即便在太阳系八大行星中，它的大小也只排名第五。

了解到这一点，我们人类有什么理由自高自大呢？

地球，顾名思义，是球形的。但是，它并不是像篮球那样的圆球，而是椭球形：两头稍微挤扁一点儿，但又不像美式橄榄球的两头那么尖。

环绕地球表面中间最长的条状地带，称作赤道，长约40000千米。假如一个人有勇气步行的话，走完一圈赤道，得花整整一年。如果乘坐民航客机，绕赤道一圈也要40多小时！

地球不是完美的圆球形，表面也不平坦，因此，地球上的最高峰——珠穆朗玛峰并不是距离地心最远的山峰。距离地心最远的山峰是位于南美洲厄瓜多尔境内的休眠火山——钦博拉索山，它比珠峰矮2000多米，却比珠峰离地心远大约2000米。

地球内部是什么样子

地球内部有点儿像洋葱，如果切开来看的话，是由一系列同心圈层组成的。

最外面一圈是坚硬的岩石外壳（地壳），地壳下面的圈层是地幔。

地幔是扑朔迷离的混合物圈层，它虽然是固态的，但在高温高压下可以流动。地幔又可分为两层：上面一层叫上地幔，其顶部与地壳一起组成岩石圈；下面一层（下地幔）是近于熔化的岩石。

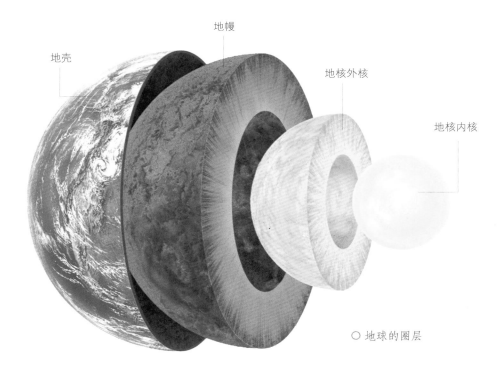

地壳

地幔

地核外核

地核内核

○ 地球的圈层

地幔之下是地核。地核也分为两层：外核是近于液态的物质，内核则是炽热坚硬的铁镍混合物。

地球又不完全像洋葱，不仅各圈层之间的厚度差别很大（比如海洋下面的岩石外壳比较薄，一般只有七八千米厚，而大陆下面的岩石外壳厚度为 30～60 千米，山越高的地方，这层岩石外壳越厚），而且圈层之间还不断地进行物质交换（比如火山喷发出来的岩浆，就来自不同的圈层）。

地球的年龄

在现代科学发现之前，人们对地球的年龄曾有各种各样的猜测，有的长，有的短，有的则语焉不详。

比如中国古人说"盘古开天地"，究竟那是什么时候呀？不知道！西方人更玄乎了，按照一位爱尔兰大主教的说法，地球的年龄只有 6000 年左右。

15 世纪，意大利出了一位聪明博学的大学者——达·芬奇。他怀疑这个数字实在是太小了，地球的年龄要比 6000 年大得多。

直到 20 世纪，科学家用放射性同位素测定：地球年龄为 46 亿年左右。46 亿年是什么概念呢？假如把它"压缩"成我们平常的一年，人类直到年终 12 月 31 日接近午夜时分才出现。

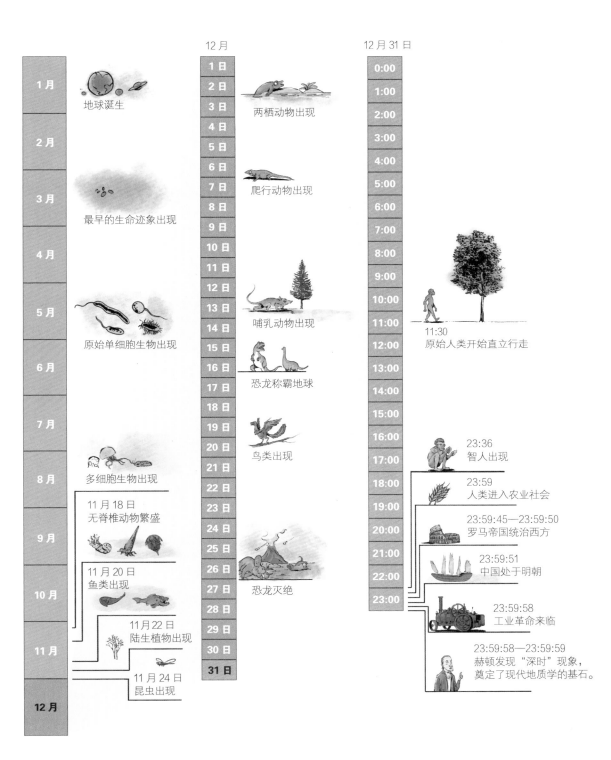

1 月
地球诞生

2 月

3 月
最早的生命迹象出现

4 月

5 月
原始单细胞生物出现

6 月

7 月

8 月
多细胞生物出现

11 月 18 日
无脊椎动物繁盛

11 月 20 日
鱼类出现

9 月

10 月

11 月 22 日
陆生植物出现

11 月

11 月 24 日
昆虫出现

12 月

12 月

1 日
2 日
3 日　两栖动物出现
4 日
5 日
6 日
7 日　爬行动物出现
8 日
9 日
10 日
11 日
12 日
13 日　哺乳动物出现
14 日
15 日
16 日　恐龙称霸地球
17 日
18 日
19 日
20 日　鸟类出现
21 日
22 日
23 日
24 日
25 日
26 日
27 日　恐龙灭绝
28 日
29 日
30 日
31 日

12 月 31 日

0:00
1:00
2:00
3:00
4:00
5:00
6:00
7:00
8:00
9:00
10:00
11:00　11:30　原始人类开始直立行走
12:00
13:00
14:00
15:00
16:00
17:00　23:36　智人出现
18:00
19:00　23:59　人类进入农业社会
20:00
21:00　23:59:45—23:59:50　罗马帝国统治西方
22:00
23:00

23:59:51　中国处于明朝

23:59:58　工业革命来临

23:59:58—23:59:59
赫顿发现"深时"现象，奠定了现代地质学的基石。

○ 假如把 46 亿年 "压缩" 成一年

9

创造力是人类独有的特征，而自古以来人们对各种起源问题的好奇，比如人类的起源、生命的起源、地球的起源等，都与创造力密不可分。

前面我们讲了地球竟然有这么大的年纪，你们或许会问：它最初是怎么形成的呢？

下面我们就来谈谈这个问题。

地球是怎样形成的

长期以来，科学家与哲学家一直努力探索地球起源的奥秘。但是，在科学发展初期，他们除了猜测，并没有更好的手段。

到了18世纪，法国博物学家布封提出彗星碰撞假说。他认为，在很久以前，有一颗或很多颗彗星跟太阳相撞，从太阳上面碰下来的炽热团块"俘获"了周围的宇宙尘埃，它们聚集起来，分别形成了包括地球在内的太阳系几大行星。

然而，彗星是太阳系里由冰和尘埃构成的小天体，当它们接近太阳时，会因为受热而迅速变成气体，怎么能从太阳上面碰下来炽热的团块呢？

后来，德国哲学家康德与法国数学家、天文学家拉普拉斯又分别提出了星云假说。他们认为，宇宙中充满了云状气体，即星云。

星云群在转动的过程中渐渐瓦解，由于万有引力的作用，它们被压扁，然后形成了星体。包括地球在内的太阳系八大行星，就是在50亿～45亿年前，通过类似的方式形成的。

到了20世纪50年代，星云假说得到天文学家的证实。天文学家利用强大的现代天文望远镜观察到，在宇宙空间中，有许多气体与尘埃组成的星云，很可能就是星体的"孵化器"。这些正在形成行星和其他星体的过程，跟星云假说推测的太阳系行星的形成过程十分相似。而在宇宙中，存在着不计其数类似太阳系的星系。

按照现在流行的宇宙大爆炸理论，宇宙的形成从100多亿年前的奇点开始。

奇点是什么？它是从哪里来的？目前连宇宙学家也不清楚。奇点意味着一种从无到有的转变，这一主题超出了现代宇宙学的认知范畴，依然存在许多未解之谜。一般认为，奇点区域存在于黑洞的核心。

黑洞是什么呢？黑洞并不是"洞"，而是一种质量无比巨大的天体，具有非常强大的引力，所有物质被"只进不出"地"吸"进去，并被压缩成密度无比高的区域，即奇点。

了解科学原典

如果你对宇宙大爆炸、奇点和黑洞感兴趣，可以阅读英国物理学家斯蒂芬·霍金的《时间简史》和《果壳中的宇宙》。

在书中，霍金用通俗的语言把我们带到宇宙学和天体物理学的前沿，探索了宇宙起源，解释了宇宙的原理，并凭借丰富的想象力和精妙的构思，阐释了宇宙未来的变化。

宇宙大爆炸

大爆炸理论的框架基础是爱因斯坦的广义相对论。1964 年发现的宇宙微波背景辐射是支持大爆炸确实发生的重要证据，此后，大多数科学家开始相信大爆炸理论。

换句话说，宇宙被认为是从无限小、无穷热、密度无比高的奇点开始膨胀起来的。所谓大爆炸，其实是指这一膨胀现象。也就是说，奇点在最初形成之后，明显地膨胀变大（大爆炸）并冷却，从极小、极热变成目前宇宙的大小和温度。眼下，它依然在扩大并冷却着。

根据这一理论，地球只是一个微不足道的小小星球，在无限膨胀的宇宙中，与无数个其他星体碰巧聚集在同一个星系。我们和我们周围成千上万种不同生物所栖居的美丽星球，在从极微小的奇点开始膨胀的宇宙中，原来只不过是"爆"出来的一小颗"尘粒"，最终还可能会被吸入巨大的黑洞而永远消失。

静下心来想一想，这一理论究竟会使我们对地球的前景感到不寒而栗呢，还是对宇宙的神奇感到美妙无比呢？

这或许就是科学的魅力所在吧，它使我们对人类自身及所处的环境有了更深刻的认识。

沧海如何变成桑田

地球形成之初，地表并没有海洋与江河湖泊，而是一个火山活动频繁、地震不断、陨石如雨的不毛之地。正是由于这些强烈的火山活动，释放出大量的气体（包括水蒸气），帮助形成了原始的大气与海洋。

自从地球上有了海洋和陆地的划分，海陆变迁的历史就开始了。

中外史书上都有记载，人们曾在远离海岸的高山顶上，发现了如今只有在海边才会见到的螺蚌壳。

早在公元前 6 世纪到公元前 5 世纪，古希腊哲学家、诗人色诺芬尼就在内陆的山上发现了贝壳等海洋动物化石。他推断：这些山脉早先肯定位于海中，地球历史上出现过多次全球性大洪水和干涸的轮回。

这跟西方传统观念发生了冲突：如果按照《圣经》上说的，世界上的万物是几千年前由造物主在 6 天内创造出来的，那么这些螺蚌壳化石就不太可能是千百万年前的古代生物留下的遗迹，只能去寻求另外的解释。

基督教信仰者又在《圣经》里找到了答案：造物主造出世间万物之后，曾制造了一场"诺亚洪水"，将所有的高山都淹没了。因此，有人主张，螺蚌壳及其他海洋生物化石是被洪水从大海里冲到山上的，洪水退却后，它们被遗留在了山上。

然而，聪明博学的大学者达·芬奇认为这是不大可能的。因为"诺亚洪水"主要是由特大暴雨引起的，一般来说，雨水只会把陆地上的东西冲刷到大海里去，而不会反方向地把海里的生物冲刷到高山上去。此外，那些贝壳与珊瑚都很脆，根本经不起洪水的冲击与长途搬运的折腾。他还发现，这些贝壳出现在不同的岩层中，所以不可能是一次大洪水造成的。

由此，达·芬奇提出自己的解释：当陆地上的河水流到大海里时，浑浊的河水中携带着大量泥沙，泥沙在海里沉淀下来并掩埋了贝壳。久而久之，泥沙不断地层层沉淀、堆积并掩埋海里的贝壳。当海平面降低，海水消退，由于重力作用引起的压缩，底层的泥沙经过脱水、挤压、固结而变成了岩石，里面的贝壳也跟着变成了化石。随着海底岩层的抬升，这些贝壳也被一起抬升到高处。

走近科学巨匠

达·芬奇有"不可遏制的好奇心"和"极其活跃的创造性想象力"，是旷古烁今的全能型天才。

更重要的是，他极为勤奋：他几乎每天都在做笔记，一生留下了 6000 多页手稿，涉及绘画、雕刻、建筑、生理学、解剖学、动物学、天文学、地理学、哲学等领域。他的每页手稿都极具研究价值，并且他的科学研究超越了他的时代！

对于地质学家来说，地层是一部地球历史的大书。

跟普通的历史书不同，这部大书缺失了很多页，其中还有不少页是前后颠倒、杂乱无章的。

地质学家要经过很多年的专业学习和训练，才能读懂这部大书。

在本章，我会告诉你们这部特殊历史书的阅读方法。

二 阅读地球"石头记"

石头能开口说话吗

1669 年，丹麦医生斯坦诺进一步推断，最先沉淀形成的岩石位于最底层，后来沉淀的岩石位于它们的上面，越往上，岩层越年轻。因此，岩石的层层相叠反映了地球历史事件发生的先后顺序，整套岩层就像一本地球历史的大书。

这个推断现在看起来很简单，却是地质学的基本原理之一，称作地层层序律。

美国西部大峡谷

层层相叠的沉积岩层清晰地展示了地层层序律：顶部岩层的时代最新，底部岩层的时代最老。

许多重要的科学发现以及经典的基本定律，乍看起来非常简单，具有一切艺术品所共有的"简洁美"，然而"看似寻常最奇崛，成如容易却艰辛"。

另一个大家耳熟能详的故事，是牛顿从苹果掉下地而不是飞上天这一大家熟视无睹的现象，发现了万有引力定律。所以，"胡思乱想"是科学家最可贵的素质。

当你在沙坑里玩沙子时，可以试试看：是不是先撒的一层沙子落在后撒的一层沙子下面？

如果是，这就叫作自然法则，它不需要"神力"的干预，而且是可以重复的。其实，这也是科学与神学的分水岭：科学依靠自然法则，神学则依靠"神力"和"奇迹"。

下面，我们谈谈科学家是如何根据自然法则去阅读地球历史这本大书的。

地球历史这本大书，是写在石头（地层）里的。要想读懂这本书，就得让石头开口说话。前文提到的丹麦医生斯坦诺，是最早发现石头能开口说话的人。

1666 年，斯坦诺在意大利旅行时，当地人捉到了一条鲨鱼，把鲨鱼头剁下来，交给他做解剖学研究。第二年，他发表了论文《鲨鱼头部解剖》，因此熟悉了鲨鱼的牙齿。

后来，他到了西西里南部的马耳他岛。当地岩层中盛产一种奇石，被本地人称作"舌形石"。斯坦诺看到这种石头后，马上就认出来了——它们是鲨鱼的牙齿变的！

鲨鱼生活在附近的地中海里，它们的牙齿怎么会跑到岛上的石头里呢？

斯坦诺是这样推理的：

1.鲨鱼是生活在海洋里的动物，不会自己跑到陆地上去；

2.岛上的这些岩层（石头），必然是由海里的沉积物变来的；

3.在沉积物沉淀的过程中，鲨鱼死后留下的牙齿（鲨鱼是软骨鱼，软骨一般不容易保存下来），或者从鲨鱼口中脱落下来的牙齿，被埋在沉积物中，并与沉积物一起硬化成石头；

4.这些石化了的沉积物（连同其中的鲨鱼牙齿）被抬升起来，形成了马耳他岛。

1669年，斯坦诺又发表了一本科学小册子，书名非常绕口——《论关于岩石中包含自然形成的硬物：绪论》。

在书中，斯坦诺指出，"自然形成的硬物"是指古生物化石。包含化石的岩石原本是泥沙，因此死亡后的生物体才能被埋在里头。后来，泥沙经过一系列地质作用，变成了岩石。像鲨鱼牙齿这样的硬体部分成为化石，保存在岩石中。

显然，斯坦诺对"舌形石"成因的解释，跟前文提到的达·芬奇对贝壳化石成因的解释是一模一样的。

他们两人的解释都说明，这些化石是自然形成的，而不是什么"诺亚洪水"呀，或是"造物主埋在岩石中的小玩意儿"等超自然的神奇力量造成的。

既然是天然生成的，不是以超自然方式形成的，那就需要极为漫长的时间，完全不是像造物主挥了挥手中的魔棒那样快。

由此，斯坦诺的推理不仅使人们认识了化石的真实成因，而且首次利用岩层中的原生构造，让石头开口说了话。

"现在是了解过去的一把钥匙"

在斯坦诺撬开石头的"嘴巴"一百年后，他

的推理被一位名叫詹姆斯·赫顿的英国地质学家进一步验证，并产生了新的地质学理论。

赫顿看到，在自家农庄周围的山边，岩石长年累月地受到日晒雨淋等风化作用，逐渐变成越来越小的沙粒，被雨水冲进附近的小河里；然后，小河随百川入海，又把河底的泥沙搬运到海底沉积下来；海底的沉积物经过高压—脱水—固化等一系列过程，最终变成了岩石。后来，由于地壳运动，海底抬升，沧海变成了桑田，这些岩层暴露到地表，又开始了新一轮"风化—沉积—成岩"的循环。

赫顿把岩石循环的这一理论称作"均变论"。

大约40年后，英国地质学家莱伊尔进一步完善了赫顿的这一理论，并通过《地质学原理》一书，使其得以广泛传播。

了解科学元典

《地质学原理》的作者是英国地质学家查尔斯·莱伊尔。此书是一部伟大的地质学启蒙书，不仅奠定了现代地质学的基础，而且启发了达尔文的生物演化理论。

丰子恺先生有篇经典散文《渐》，也可以看作对"均变论"的解读，文中写道：

这真是大自然的神秘的原则，造物主的微妙的功夫！阴阳潜移，春秋代序，以及物类的衰荣生杀，无不暗合于这法则。由萌芽的春"渐渐"变成绿阴的夏；由凋零的秋"渐渐"变成枯寂的冬。

由于他们是根据目前能观察到的自然现象去解释地球历史上发生的事件，所以这一理论也被称为"将今论古"原则（"现在是了解过去的一把钥匙"）。

运用上述原理，地质学家就可以把地层当作一本地球历史的大书来读了。

地层里面保存的化石可以告诉我们许多故事。比如：它们是什么样的动植物？它们生活在什么样的环境里？它们大概生活在多少万年之前？并且，石头自身也能诉说自己的身世。比如：它们是如何形成的？是在水域里沉积形成的，还是由地球内部的岩浆冷却之后形成的？它们在形成之后经历过什么变化？

不仅如此，连组成岩石的矿物颗粒也能叙述自己的故事——借助高精度的仪器，矿物学家能确定这些矿物颗粒形成的年代，还能揭示它们形成的过程。

有些方面，地质学家用一个放大镜就能解读出来。如果你去黄山旅游，会看到那里的石头主要是肉红色的花岗岩。仔细观察，你会发现石头里的矿物晶体比较大，这说明岩浆在上升的过程中，侵入先前存在的岩层里，冷却速度缓慢，其中的矿物有足够的时间结晶成比较大的颗粒。

然而，如果你到南京的方山或六合地质公园，可以看到黑色的玄武岩。把玄武岩用锤子敲开，你会看到新鲜的表面像玻璃般光滑，说明它们的晶体极为细小，肉眼很难辨别。这是因为在火山喷发时，岩浆迅速涌出地表，冷却速度很快，其中的矿物来不及结晶成较大的晶体。

你看，地质学家像不像神探福尔摩斯？

同样，岩石表面书写着它们新近的历史"遭遇"，记录着同样精彩的故事。

它们成年累月地受到风沙、雨水、冰雪乃至植物根系的风化和腐蚀，更不要说偶尔的火山、地震等大规模构造运动的剧烈影响了。我们通常观察到的地貌和风景，就是它们遭受各种风化和剥蚀作用之后留下来的容颜。

○ "魔鬼城"的雅丹地貌

广西桂林"甲天下"的山和著名的云南石林就是主要由石灰岩组成的山峰，经过地表水和地下水的侵蚀，塑造出各种各样奇妙美丽的外表及溶洞。

中国几大名山展示出各不相同的外貌，也是由于不同的岩石组成。

我在电影《卧虎藏龙》的外景地"魔鬼城"（位于新疆克拉玛依）做过野外考察，那里魔幻般的地貌是由于强烈的风沙对山岩的剥蚀作用形成的，在专业上称作雅丹地貌。

被称为"万卷书"的山东临朐页岩层，以及保存了孔子鸟和披羽恐龙的辽西热河生物群的泥岩和页岩，都是极细的泥沙在平静的湖水中沉积形成的。它们保存了无数精美珍贵的化石，记录了当地的地质历史，是地质古生物学家的宝地。

分布在南京西善桥至雨花台一带的古砾石层（含有著名的雨花石），又讲述着另一番故事。那些岩层是在流水冲刷下堆积形成的。

所以，真可谓"一沙一世界"。每一块石头都写下了"自传"，地质古生物学家已经认识了它们的文字。

读书先识字，从下一节开始，我们也来学习这些文字。以后你们到了野外风景区，就知道该如何去阅读那里有趣的"石头记"啦！

石头是从哪里来的

地球历史保存在地层这本大书里面，而保存在石头里的文字比甲骨文更为古老。就像只有考古学家和古文字学家才能读懂甲骨文一样，只有受过专门训练的地球科学研究人员才能读懂"石头记"里的文字。

地球科学研究人员主要从以下三方面解读这本保存在地层中的"天书"：

1. 岩石的性质

2. 地质构造

3. 古生物化石

他们从这三方面来重建地层形成时当地的环境和条件，从而了解地球经历过的变化。

因此，要阅读"天书"，首先要了解岩石、地质构造和古生物化石。

前面我们介绍过，地球的外层由岩石圈组成。不管我们肉眼能不能看得见，我们的脚下、建筑物的地下、江河湖海之下、南北两极的冰川底下，无一例外都是坚硬的岩石。

岩石有不同的形成方式。根据不同成因，地质学家将岩石分成三大类：

1. 岩浆岩

岩浆岩又称为火成岩，是由地球内部深处涌上来的炽热岩浆冷却后形成的。

岩浆在通过岩层的裂缝上升过程中，如果在地下已经凝固成岩石，就叫作侵入岩，比如花岗岩。这类岩石中的矿物晶体颗粒比较大。

如果岩浆随着火山喷发流出或喷出地表、迅速凝固而形成岩石的话，则叫作喷出岩，比如玄武岩。这类岩石中的晶体颗粒极为细小，肉眼很难分辨，新鲜岩石的断面看起来像玻璃一样平滑细腻。

另外，在岩浆上升过程中，岩浆中的有用物

如果你家有花岗岩的地砖或厨房台面，你可以仔细看看，里面那些白色、肉红色及黑色的颗粒，就是不同的矿物晶体。

顺便说一下，"海枯石烂"在文学上是个浪漫的成语，象征天长地久，但在地质学上，这没什么大不了的。地质系的同学见过的"海枯石烂"可太多了！

质会富集起来形成矿床。世界上很多金属矿便是如此形成的。因此，岩浆岩中蕴藏着许多经济价值很高的金属矿产资源。

2. 沉积岩

我们在前几节提到过，在日晒雨淋、风吹浪打、冰冻溶解、植物根系腐蚀等多种风化和侵蚀作用之下，先前的岩石逐渐被剥蚀成细小的砂石甚至黏土（统称为沉积物），然后被搬运到江河湖海里面一层一层地沉淀下来。水中的一些化学物质使这些松散的沉积物胶结在一起，在上面沉积物的巨大压力之下，经过千百万年，便形成了一层一层的岩石，即沉积岩（又称为水成岩）。

因此，沉积岩有三个明显的特点：（1）由先前岩石的碎屑堆积而成，被戏称为"二手岩石"；（2）成层，又称作层状岩石；（3）里面可能保存着古生物化石。根据沉积物颗粒的大小，沉积岩可分为砾岩、砂岩、泥岩、页岩等。

沉积岩中还有一类岩石，不是由碎屑沉积物形成的，而是由水中的化学物质直接沉淀而形成的。比如海洋生物分泌出大量钙质骨骼，古代海洋中的钙质沉积物形成了大量石灰岩。白色的石灰就是用石灰岩烧出来的。

在石灰岩丰富的地区，由于雨水和地下水中常常含有酸性物质，石灰岩会被侵蚀成各种形状。桂林的奇峰异石、溶洞和云南石林都是由石灰岩构成的。你在公园看到的假山，也是从别的地方运过去的石灰岩。

在石灰岩上滴一小滴盐酸，你会看到冒出许多泡泡来。这是酸与碳酸钙产生化学反应的结果。泡泡消失以后，会在石头上留下一个个小坑。

此外，沉积岩中保存了大量地球气候环境的信息，是"石头记"中内容最丰富的文字。

3. 变质岩

由于地壳运动和岩浆活动，原来的岩石（既可以是岩浆岩，也可以是沉积岩，甚至是变质岩）在高温高压等条件下，内部的化学成分和物理结构发生了变化，比如通过里面矿物的重新结晶等，形成了新的岩石，这种岩石就称为变质岩。

你们熟悉的大理石（比如人民英雄纪念碑汉白玉栏杆的建筑石材）就是由石灰岩变质形成的。变质岩中保存了大量地壳活动的信息，也是阅读"石头记"需要认识的重要文字。

除此之外，还有一类石头是"天外"（地球之外的宇宙空间）飞来的，通常称为陨石。陨石的个头儿有大有小，小的像微小的尘粒，大的比房子还要大。

一些科学家认为，大约 6600 万年前，一颗小行星（可以看作超大的陨石）撞击地球，造成了恐龙大灭绝。如果没有发生这一事件，也许不会出现我们人类呢！

陨石不仅能帮助科学家了解地外星体，还对地球历史产生过重大影响。

石头使我们成了人

从某种意义上说，我们人类进化到今天，一路上从来没有离开过石头。甚至可以说，没有石头的话，我们可能还在茹毛饮血呢。

人类从出现之初，就开始探索、发现和利用岩石资源，直到现在还是如此。当然，这也是顺理成章的事儿，因为人类开始使用和制作工具时，身边最现成的材料就是地上的石头了。

在非洲的稀树草原上，生活在那里的早期人类祖先原本主要吃野果，后来因为大自然的偶然事件，开始尝到了美味的熟肉。起初是由于被雷电击中的林中树木起火，一些野兽被烧死，散发出浓浓的香味，令早期人类充满好奇。他们大快朵颐之后，发现大火烧过的肉比生肉可口多了！比起生肉来，熟肉更容易咀嚼与消化，关键是经过烧烤的熟肉吃起来真是满口生香。想一想，为

《群兽图》

这是新疆阿勒泰一带的原始岩画。在不到两平方米的岩石上，早期人类用简单的工具刻画了一幅庞大的动物世界缩影，其中有鹿、羊、狼、骆驼等。图片引自《中国岩画全集》（摄影：王博）。

什么至今我们还是喜欢吃烧烤呀？

然而，保存火种并非一件容易的事。慢慢地，有人发现敲击两块石头可以进出一点儿火花来，还能点燃干燥的荒草或朽木。后来，又有人发现一种特别的石头最容易打出火花，就是我们称作燧石（俗称火石）的一种坚硬的深色石头。

早期人类又逐渐发现，在狩猎活动中，用打制的尖锥状石头做成梭镖，刺杀动物很有效。他们还把小石片磨出薄而锋利的边缘，用来切割、刮削动物身上的肉。他们还慢慢发现，有一些石头比另一些石头更适合打制这类工具，因此，他们会商量着结伴到远处去寻找这种石头。在商量的过程中，不可避免地需要人际间的交流，这便推动了人类智力的发展和语言的起

术语

旧石器时代指考古学上石器时代的早期阶段。大约始于二三百万年前，持续到约1万年前。旧石器时代后期，人类演化至智人阶段。中国已发现的旧石器时代人类化石有元谋猿人、蓝田猿人、北京猿人、马坝人、丁村人、山顶洞人等。

新石器时代指考古学上石器时代的最后一个阶段，开始于大约1万年前。中国的新石器时代文化有仰韶文化、马家窑文化、大汶口文化、龙山文化等。

源与演化。

这个过程是极其缓慢的，但经过数十万年甚至上百万年，它累积的效果便是非常惊人的。这一漫长的时代在考古学上称为旧石器时代。

中国有多座旧石器时代遗址，其中最著名的是北京西南周口店龙骨山上的北京猿人遗址。

考古学家发现，在大约20万年前，北京猿人已经开始利用岩石制作工具了。北京猿人所用的石器大部分是用坚硬的石英质矿物与岩石打制出来的，包括刮削器、尖状器、石锤、石砧等不同类型。北京猿人生活的这一时代为旧石器时代早期。

在周口店北京猿人遗址附近的山顶洞，考古学家还发现了山顶洞人的化石。山顶洞人属于距今约3万年的晚期智人。远在那个时代，我们的祖先就用石头打造最简单的首饰了，真是"爱美之心，人皆有之"。考古学家把它定名为山顶洞文化，属于旧石器时代晚期。

旧石器时代结束后，人类进入新石器时代（距今约1万年）。在新石器时代，人类开始利用岩石中的天然宝石类矿物（比如玛瑙、叶蜡石）制作装饰品。他们能利用地层中的黏土烧制陶器，

○ 新石器时代彩陶花叶纹扁腹钵（现藏于南京博物院）

比如中国著名的仰韶文化中的彩陶和龙山文化中的黑陶。

　　到了商周时期，便有了青铜器文化。商朝和周朝是中国青铜器的鼎盛时期，下次你们去参观历史博物馆时，一定要好好观察一下我们的祖先铸造的各种青铜器皿。那时候，人们用的铜矿石主要是自然铜和孔雀石。

　　石头原本就是人类重要的建筑材料来源，自从进入冶金时代后，人们的注意力更多地转向含有有色金属矿床的岩石。直到今天，我们的日常生活也离不开石头。

　　我们常用的一些电子产品，其芯片上的半导体元件的主要成分是硅。硅是由石英砂精炼出来的，而石英砂组成的石头，跟北京猿人打制石器所用的石头，成分是一样的！

中国的青铜器文化

　　商周时期的青铜器种类丰富，数量众多，制作工艺高超。当时的工匠已经准确地掌握了铜、锡、铅的比例，用来制造不同用途的器具。

岩石中的"文字"秘密

我们在前文提到了岩石的三大类型,其中,沉积岩中保存了大量地球气候环境的信息,还可能保存着古生物化石,是"石头记"中内容最为丰富的文字。

下面,我来举几个有趣的例子,看看地质学家和古生物学家是如何解读这些文字的。

○ 埋藏在石灰岩里的腕足动物石燕贝类化石

在从上到下的一套地层中，如果没有剧烈的地壳变动把它们上下翻一个身的话，那么按照前文介绍过的地层层序律，上面岩层的年龄比下面的更年轻。

　　如果下面是一套厚的石灰岩层，并且里面有许多海洋生物化石，上面是一套发育大型槽状交错层理的红色砂岩层，科学家便能推测出这里先前是一片汪洋大海，后来变成了沙漠。这就是地球历史上典型的海陆变迁的证据，因为石灰岩通常是在海水中沉积的，而红色砂岩是在沙漠中沉积的。

　　古生物学家还能根据石灰岩中的化石，推断出含有化石的石灰岩层的大致年代，以及古生物生活时的古环境和古气候等信息。比如说，根据石灰岩中的珊瑚化石，我们可以大致推算出它们生活时的海域深度和海水温度等古环境参数，还可以根据珊瑚化石上的生长线，推算出当时一年大致有多少天。

　　从下一章开始，我们将介绍科学家如何阅读"石头记"里的另外两类文字——地质构造与古生物化石。

"古今尘世知多少，沧海桑田几变迁。"

　　46 亿年高龄的地球迄今经历过无数次沧海桑田的海陆变迁，现今各个大陆的相互位置也经历过极大的变化。

　　本章，我们会简要讲述这些动人心弦的故事，以及这些变化发生的因缘际会和来龙去脉。

三　地球躁动有活力

地球不是平的

前些年，有一本畅销书叫《世界是平的》，主题是讨论全球化，意思是说全球化使世界变得越来越平。

世界究竟平不平？目前还很难说，但有一点是肯定的——地球从来就不是平的！

无论是陆地表面，还是大洋深处，都有很多连绵的山脉，它们是由岩石组成的。岩石中除了包含前文介绍过的岩石性质那类文字，还包含另一类称作地质构造的文字。地质构造主要包括褶皱、断层等，它们记录了地球构造运动的历史。

○ 褶皱与断层

所有的地质构造运动都是由地球无休止的躁动引起的。其中，大家最熟悉的就是地震和火山喷发。

平时，人们觉得脚踏实地，足下的大地坚如磐石。然而，当地震发生的时候，人们便警醒了：原来根本不是这么回事啊！

远的唐山大地震（1976 年）咱们先不说，发生在 2008 年的汶川大地震，你们听说过吧？没有任何预感，顷刻之间地动山摇、房屋倒塌，地面出现大裂缝（断层），夺去了数万条生命。这就是躁动的地球"发威"（地质构造运动）的结果。

在全球，每年会发生成千上万次大小不等的地震，远不像我们想象的那么稀少，说明躁动的地球一刻也不安宁。其实我们脚下的大地一直在缓慢地移动，只是人们的肉眼看不见，身体也感觉不到。

此外，像火山喷发、海陆变迁（比如我们生活的陆地在远古时代曾经是海洋），还有山脉和高原的形成，都是地质构造运动的结果。

那么，地球上最早的山脉究竟是怎样形成的呢？

前文我们讨论过，地球最初是炽热的星球体，外表经过逐渐冷却，形成了坚硬的地壳。早期有一种理论认为，地球表层冷却下来之后，表面皱缩成了葡萄干模样，产生了凹凸不平的褶皱；凸起的部分形成了高耸的山脉，平坦及凹陷部分形成了低地或山谷，而后者在有水集聚的地方就形成了江河湖海。同时，"葡萄干"表面干裂所产生的裂缝，相当于大大小小的断层。

不过，对于像喜马拉雅山脉这类后来形成的"山子""山孙"，用"冷却后的葡萄干"理论显然没法儿解释了。

后来，不同的科学家又提出了形形色色的理论，试图解释新生山脉的成因。

其实，早在 20 世纪初，科学家就注意到一些奇怪而有趣的现象，经过几十年的研究和探索，终于在 20 世纪 60 年代形成了板块构造学说。

接下来，先让我们看看那些曾引起科学家困惑的有趣现象吧。

大陆漂移

你面前要是有一张世界地图或一个地球仪的话，可以注意观察一下：如果像玩拼图游戏那样，南美洲东海岸是不是可以跟非洲西海岸拼在一起呀？

在 20 世纪之前的几百年里，陆续有一些观察家注意到，非洲西部的海岸线与南美洲东部的海岸线吻合，仿佛这两个大陆曾经紧紧连在一起。后来，又有科学家注意到，在非洲和南美洲这两个被大西洋隔开的大陆上，岩石与一些生物也很相似，他们进一步推测非洲和南美洲以前是连在一起的。

但是，科学研究不能只靠推测，还要拿出有力的证据。

在科学研究中，为什么证据很重要？

在前文，我提到"胡思乱想"是科学家最可贵的素质，因为只有爱胡思乱想才能发现问题。在科学研究中，提出有意义的问题往往比找到答案更重要。

胡适先生曾提出"大胆的假设，小心的求证"的治学之道，大胆假设便是要敢于胡思乱想。但光有大胆假设是远远不够的，接下来是小心求证。牛顿花了几十年为万有引力寻找证据，达尔文也花了几十年时间为生物演化论寻找证据。

没有大量证据支持的理论是一钱不值的！

20世纪初，一位叫魏格纳的德国气象学家也注意到了上述相似性，尤其是南美洲东海岸与非洲西海岸的恐龙化石和植物化石都很相似。他开始琢磨：生活在陆地上的巨大恐龙怎么可能跨洋过海呢？他认为这两块大陆曾经是连在一起的，由此提出了大陆漂移的理论。

魏格纳认为，现在地球上所有的大陆在远古地质时期是连在一起的，可称为泛大陆；大约两亿年前，泛大陆开始解体，分裂成大小不同的陆块，并向不同方向缓慢地移动（漂移），直到漂移到各自现今所在的位置，形成了今天各大陆分布的样子。

由于魏格纳当时没法解释这些陆块是怎么移动的，也不知道动力来自何方，再加上他是气象学家，而不是地质学家，因此，地质学家根本没拿他的理论当回事儿。大多数人认为魏格纳不过是瞎猜而已，有人甚至说，这听起来更像"诗人的梦想"。

然而，魏格纳是一位执着的科学家，不会轻言放弃。他是天文学和气象学双博士，主要研究气象学和古气候学。他曾深入考察大西洋两岸各国的古气候、古生物和地质构造，了解它们之间的高度相似性。

为了进一步寻找支持大陆漂移说的证据，魏格纳不止一次地跟随探险队去地处北极的格陵兰岛考察，在那里的古生代地层中发现了丰富的煤层。对于这一发现，熟悉古气候的魏格纳非常兴奋：这说明，在远古时代，格陵兰一带曾经温暖湿润、植物繁茂，才能形成这么多煤，而眼下的格陵兰岛却天寒地冻、植物稀少。他还知道，南极的情形也十分类似。

看来，在远古时代，极地肯定不是在现今的位置。这当然是支持大陆漂移说的重要证据。

魏格纳回到德国后，把搜集到的新证据写入新书《海陆的起源》，于1915年出版。

他还找到了一个非常形象和有趣的比喻：如果把一张报纸撕成几片，不仅它们的边缘能够拼接起来，上面印刷的文字也能互相连接起来，我们就不得不承认，这几片报纸原来是连成一体的。而这些能连接起来的"文字"就是不同大陆上的

了解科学元典

魏格纳的《海陆的起源》一书提出了大陆漂移说，跟牛顿的《自然哲学之数学原理》、达尔文的《物种起源》一样，成为不朽的科学元典著作。

地层和其中的化石！

这下子，魏格纳总算获得了几位知音，包括来自南非和英国的著名地质学家。但是，魏格纳仍然不满足，他还想寻找更多的证据去说服更多的同行。

有一次，

我在阅读世界

地图时，曾

相似性所

我也即

不

被大西洋两岸的

吸引，但当时

随手丢开，

认为具有

什么重大

后来，

意义。

注：图中文字引自魏格纳《海陆的起源》（北京大学出版社，2006年）。

1930 年，魏格纳再次跟随探险队赴格陵兰岛考察，但没能回来。他冻死在一场暴风雪中，年仅 50 岁。直到第二年，他的尸体才被找到。

为了科学发现，魏格纳献出了自己宝贵的生命。在他逝世二三十年之后，大陆漂移说最终被科学界接受。

下一节，我们将继续讲述这一故事。

请观察 2 亿年前和 6500 万年前的地球示意图，对照现在的世界地图，你能说说大陆板块是怎样漂移的吗？

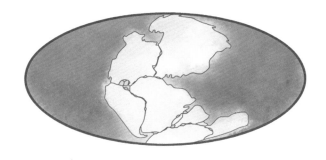

2 亿年前

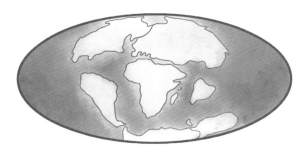

6500 万年前

海底的大山和裂谷

—————————

  尽管魏格纳为他的理论献出了宝贵的生命，在他死后，他的理论依旧被反对者不留情面地批评。这些反对者无法否认他提供的证据和他对证据的解读，但批评他的理论没有提供大陆漂移的驱动力——如果大陆能漂移，那么，到底是什么力量使它们漂移的呢？

  实际上，魏格纳生前也深知这一理论所面对的挑战，并不懈地努力寻求造成大陆漂移的驱动力。

  他曾提出，大陆主要是由较硬但密度较小的硅铝质花岗岩类组成，海洋底部则是由密度较大但较软的硅镁质玄武岩类组成，因而较轻的大陆地块"漂浮"在较重的海洋地块之上，在地球自转产生的离心力和月球潮汐力的共同作用下，这些陆块可能缓慢地滑动。

  然而，他的批评者认为，这些动力太微弱了，远远不足以驱动大陆块的漂移。

  后来，著名的英国地质学家霍姆斯发现，地球中的铀元素及其他放射性元素使地球内部保持着高温，因此，旧的"葡萄干"理论（地球一直在逐渐冷却收缩）是站不住脚的。相反，由于放射性元素衰变释放出大量热能，使地球内部的熔岩一直保持在流动状态，并形成对流，这种力量完全能够驱动大陆漂移。

让我们打个简单的比方吧。如果你看过爸爸妈妈早饭煮豆浆或牛奶的话，这个理论就很容易理解。当豆浆或牛奶烧开之后，稍微冷却，其表面会结出一层豆皮或奶脂皮，漂浮在上面；如果整张豆皮或奶脂皮破裂成了几块，就好比泛大陆分裂成了几个大陆。这时候，如果继续加热，锅内下面的豆浆或牛奶会咕嘟咕嘟地上下翻滚，就相当于前文说的，形成了对流。这时候，你可以看到，浮在锅内表面的几块豆皮或奶脂皮正在慢慢地"漂移"着。

瞧，霍姆斯这位英国地质学家的解释，无疑是对魏格纳大陆漂移说的最大支持，并进一步否定了旧的理论。

更重要的是，到了20世纪50年代，科学家开始探索海洋底部，发现海底有很多山脉，比陆地上的山脉还要多呢！有山脉，自然就有峡谷，还有许多水下火山，比如夏威夷群岛就是水下火山冒出海面而形成的岛屿链。

海洋地质学家还在大西洋底部发现一条超大的断裂带（裂谷），炽热的岩浆顺着断裂带冒上来，冷凝后形成巨大的玄武岩山脊，称作洋中脊。

科学家还发现，距离洋中脊越远的两侧，岩

走近科学巨匠

霍姆斯为确定地球的年龄做出了很大贡献，并且是第一位知道辐射热会在地球内部产生对流的科学家。他认为，从理论上说，这种对流可能产生巨大的力量，使大陆平面滑动，从而有力地支持了大陆漂移说。

洋中脊

海洋板块扩张

最老　较老　最新　最新　较老　最老

海底扩张

　　中间的大西洋洋中脊是新地壳（海洋板块）生长的地带，越往两边，地壳的年龄越老。

石年龄越老，这说明洋中脊是海洋板块新增长的地方。大西洋所在的板块不断增长，逐渐向两侧扩展，一侧向北美洲与南美洲海岸方向移动，另一侧向欧洲与非洲方向移动。

　　这就是海底扩张的理论。

板块构造与地球科学革命

　　海底扩张了，海洋板块变大了，那么大陆板块怎么办？

海洋板块俯冲到相邻的大陆板块之下，会形成深邃的海沟，比如"地球最深处"——马里亚纳海沟（最大深度为海平面下11034米），以及千岛海沟、日本海沟、菲律宾海沟等。

实际上，当海洋板块抵达与两岸大陆板块交界的地方，由于海洋板块的密度比大陆板块的密度大，海洋板块会俯冲到大陆板块之下，重新回到地球内部。正是由于两种板块在交界处（俯冲带）俯冲相撞，常常引发地震、海啸，以及火山活动。

地球上的大多数地震和火山活动常发生在环太平洋沿岸，这是因为环太平洋沿岸是太平洋板块向沿岸大陆板块下面俯冲的俯冲地带。你可以找一张世界地图画一画，环太平洋沿岸地带在地图上看起来像个环形，我们把它称为环太平洋地震带，也称为太平洋"火环"。

另一方面，当两个大陆板块相撞时，由于它们的密度相同，不会发生一个板块俯冲到另一个板块之下的情形，而是相互挤压，产生压缩和褶皱，形成喜马拉雅山、落基山、乌拉尔山等大山脉。喜马拉雅山是亚欧板块与印度洋板块相撞而形成的。

到了20世纪60年代末，地球科学研究人员由大陆漂移说和海底扩张学说整合出了板块构造新理论。这一理论的出现被称为地球科学领域的一场革命。

按照板块构造学说，地球岩石圈大致由六大板块和若干小板块组成（学界另有七大板块、九大板块等不同说法），这些板块分为海洋板块与大陆板块两大类。在地球内部热能的驱动下，板块像"漂浮"在地幔上的"筏子"一样，缓慢但不停地移动着。

现在，科学家通过卫星测量，发现有些板块的移动速度达每年 15 厘米。北美大陆与欧洲之间以每年大约两厘米的速度拉开距离，分离得越来越远。当然，这种速度跟我们手指甲生长的速度差不多，凭肉眼根本看不出来，也感觉不到，但经过千百万年后，漂移的距离就非常可观了。

总之，经过科学家的共同努力，魏格纳的大陆漂移说最终受到了科学界的普遍接受。在科学史上，这是很有意思的一个案例。

科学史研究者普遍认为，魏格纳的大陆漂移说当时被多数人（尤其是美国的地质学家）反对，并不是魏格纳的错——他已经提供了非常有力的证据，只是保守的地质学权威们都还健在，他们的立场很难改变。当这批人老去之后，新一代的科学家比较容易接受新事物、新证据与新理论。这在科学史上是司空见惯的现象。

所有的真理都经历了三个阶段：最初被嘲笑为胡说八道，然后被激烈地反对为异端邪说，最终被接受为不言而喻的真理。
——德国哲学家叔本华

为了表彰魏格纳的大陆漂移说，火星和月球上有以他命名的陨石坑，有一颗小行星也以他的名字命名；此外，他在格陵兰岛遇难的地方被命名为魏格纳半岛。

魏格纳的理论实在太超前了，他去世30多年之后才被广泛接受。由大陆漂移说演化出来的板块构造学说，不仅解释了海底与地表的地质构造运动，而且解释了地球历史上发生的许多有趣的事情。

我们将在下一节继续介绍这方面的内容。

高山大河的起源

地球上美丽的自然风光大多是由高山大河塑造出来的。在地球诞生之初，世界上并没有高山和大河。那么，后来怎么会有了呢?

根据科学家的最新研究，在大约138亿年前宇宙诞生后不久，宇宙中就出现了水，并且到处都是。这些星际间的水资源，使大约46亿年前地球诞生不久，地表上就有了广布的海洋。

但是，直到大约40亿年前地球上出现第一座火山以来，板块构造机制才启动。在地球深处内部力量的推动下，各个板块间相互活动，接连不断地碰撞出很多山脉，并且连同山脉周围的地域一起抬升起来，形成了高原。

山脉和高原的隆起，使原本相对平坦的陆地表面变得高低不平。由于重力的作用，雨水总是从高处流往低处，在这一过程中，便聚集形成了很多大大小小的河流。最终，绝大多数河流汇入了大海。

这种情形在地球历史上一直发生着，并将持续到地球毁灭为止。

当然，这些过程需要漫长的时间，但宇宙中的时间是取之不尽、用之不竭的。就像地质学先驱赫顿说的："它既没有开始的遗痕，也没有结束的征象。"地球历史中的100万年只相当于人一生中短短的几天；同样，我们眼前的一座大山，跟整个地球比起来，也只不过像人身上长的一个小肉瘤那么大。

了解科学元典

詹姆斯·赫顿在他的代表作《地球的理论》中，探讨研究了陆地形成、消失和再生的规律，并首次提出"均变论"学说，这一学说至今依然是地球科学的理论基础。

赫顿还被誉为"发现了'深时'的人"。100多年后，美国学者首次使用"深时"一词，用来表示远远超出人类历史的地球和宇宙的存在时间。

赫顿的写作水平很差，读者难以理解他的学说，因此《地球的理论》影响不大。40多年后，律师出身的莱伊尔具有更强的逻辑思维能力和更高的写作水平，创作了《地质学原理》，完善并普及了赫顿的理论。

这件事启示我们，从小学会表达和写作，对一个人今后的职业发展是何等重要！写作是一门需要通过多读、多写长期练就的本事。没有谁敢说自己是天生的作家，但一般好作家都有深厚的"童子功"。

像人的一生一样，山脉与河流也有自己的生命周期，同样有朝气蓬勃的青年期、漫长的成年期，以及更为漫长的老年期。

拿山脉来说，我们熟悉的一些世界名山大多处于青年期，比如亚洲的喜马拉雅山、欧洲的阿尔卑斯山、北美洲的落基山等，它们都是在比较晚近的地质年代形成的，因此外观依然巍峨，直指云天，具有高耸的尖鼻状山峰。

而像中国其他一些名山，如泰山、华山、黄山、太行山等，相对要古老得多。它们历经沧桑，丧失了许多"棱角"，外形变得相对低矮、圆润。更古老的山脉则已经变成了起伏的丘陵，甚至被夷为平地。

河流的一生也是如此，它们发源于高山之巅，欢快地越过岩石，水流湍急，或"飞流直下三千尺"，形成"疑是银河落九天"的瀑布。然后，到了中下游，河道渐渐变宽，水流越发平静。最终，它们波澜不惊地汇入大海。

江山如此多娇

板块构造活动造就的山脉河流，给地球和生物演化史带来深刻的影响，也是孕育人类文明的自然动力。因此，江山与河山常常作为祖国大地的代名词，保卫祖国就是捍卫祖国的大好河山。

拿5000多万年前由亚欧板块与印度洋板块碰撞形成的喜马拉雅山脉和青藏高原来说吧。单是现在广为传唱的歌曲《青藏高原》，就使原本神秘的青藏高原成为令人心驰神往的圣地。

青藏高原是当今世界上最高的高原，号称"世界屋脊"，面积大约为250万平方千米，平均海拔在4000米以上。

同时，青藏高原是世界上除南极、北极之外的第三大"冰窖"，对现今的全球气候变化有巨大的影响。它也是亚洲的许多大江大河（如长江、黄河、沿横断山脉流向亚洲东南部的许多河流、

是谁带来远古的呼唤
是谁留下千年的祈盼
难道说还有无言的歌
还是那久久不能忘怀的眷恋
——歌曲《青藏高原》

○ 从高空看青藏高原

印度的恒河）的发源地。这些江河滋润着东亚、东南亚和南亚的大片土地，是居住在这一区域的占世界一半以上的人口赖以生存的生命线。

为什么山脉和高原在人类文明史上如此重要呢？

首先，山脉与高原给土壤提供了原始的材料。

就像俗话说的"出头的椽子先烂"一样，地表高耸的山峦和被抬升的高原上面的岩石最容易遭到风化和侵蚀作用的破坏。水渗入岩石裂缝中，结冰后体积膨胀，致使岩石崩解，破裂成碎石块。这些碎石块暴露在空气中，其中的矿物很容易跟大气和水中的化学物质产生化学反应，加速分解，使石块变成越来越小的颗粒。

岩石颗粒在被雨水冲刷的过程中进一步受到磨损和分解，最后变成沙粒和淤泥。其中一部分沙粒和淤泥沉积在像黄河、恒河那种大河的冲积平原上，形成了土壤。有了土壤，包括庄稼在内的大多数植物才能生长。大部分细小的岩石颗粒悬浮在河流中，最后冲入大海里。

黄河中游流经黄土高原，夹带了大量黄色的泥沙，水的颜色呈现浑浊的黄色，黄河因此而得名。我们的祖先在黄河、长江两岸的土地上开垦种地，进行农耕生产，繁衍后代。

如果地球上到处是干燥地区，布满平坦坚硬的岩石，如今的陆地上就不会有什么生命，当然也不会演化出人类。

其次，地球上的大江大河都发源于山脉，它们又是大自然最原始的"高速公路"。

千百年来，江河改变着地球的面貌，大多数动植物依靠它们生存，人类傍水而居，靠它们提供饮用水、灌溉农田、发电等。江河还为人类提供了便利、节能的运输渠道，因此，从古到今，世界上许多大城市与内陆港口都建在大江大河的两岸。

大江大河也被视为生命的大动脉。在世界范围内，除了华夏文明，还有一些主要的古老文明也是由大江大河孕育的：在亚洲，印度河孕育了古印度文明；在非洲，尼罗河孕育了古埃及文明。在一些没有天然河流的地区，人们花了很大的功夫修筑运河。

可见，河流对于人们的日常生活和社会经济繁荣有多么重大的意义。

板块构造所产生的山脉与河流，使地球上演化出丰富多彩的生物种类，也孕育了光辉灿烂的人类文明。

当然，任何事物都有两面性。板块构造不光给人们带来福祉，也给人类带来一些严重的地质灾害。

我们将从下一节开始聊聊地震、海啸及火山。

中国古代诗人对描写和赞颂大好河山情有独钟，留下了无数脍炙人口的诗句，比如"白日依山尽，黄河入海流""黄河远上白云间，一片孤城万仞山""无边落木萧萧下，不尽长江滚滚来"等。

地震

地震，顾名思义，是说我们脚下原本坚实的大地突然发生了震动。

早在两千多年前，《诗经》就记载了地震这种现象："烨烨震电，不宁不令。百川沸腾，山冢崒崩。高岸为谷，深谷为陵。"短短 24 个字，生动地描述了电闪雷鸣、江河沸腾、山崩地裂、高山变成深谷、深谷变成高山的惊心动魄景象，把令人惊骇的地震及其引起的地表巨大变化记录得十分贴切。

清代文学家蒲松龄的《聊斋志异》中有一篇《地震》，更是脍炙人口。我试译成白话文如下：

1668 年 7 月 25 日晚，（山东）发生了大地震。我当时正在稷下做客，跟表兄李笃之在灯下喝酒。突然听到打雷一般的声响，来自东南方向，往西北方向去。大家十分惊诧，不知发生了什么事情。

顷刻间，桌子晃动起来，酒杯也打翻了，房屋的梁柱发出摧折的声响。大家你看着我，我看着你，惊慌失色。过了一会儿，人们才意识到发

先秦时期，人们把地震现象与人祸相联系，认为发生地震是上天对统治者的警告。

东汉思想家王充最早提出地震是大地本身的"自动"现象，与天没有关系。

生了地震，连忙往外逃。

到了外面，看到房屋都在摇动，还听到有些房子和墙壁倒塌的声响，以及孩子的啼哭声。外面有的人因眩晕而站立不稳，只好坐在地上，并随着地面颠簸。河水翻腾出岸边一丈多远，到处是鸡鸣狗叫声。

过了一会儿，稍微安定了下来。这才发现一些没穿衣服的人聚集在街上，只顾谈论地震的事儿，连慌忙中没来得及穿衣服都忘得一干二净。

后来，听说有的地方水井倒塌了，已经打不出水来。还有的人家，楼台的方向发生了南北倒转。栖霞县出现了山裂，沂河有一段塌陷成好几亩大的巨坑。这些真是非常奇异的巨变。

时隔 200 多年后，一位美国地质学家记录了他亲历的 1906 年旧金山大地震：

4 月 18 日凌晨 5 时，我被突然的震动与噪声惊醒。职业警觉让我立刻意识到，这是大地震来了！

我顿时心生莫名的激动，因为这是我职业生涯中首次有幸亲历一场大地震。

我家的房子是上好的红杉木框架，发出嘎嘎

《聊斋志异·地震》（原文参见本书附录三）是一篇有声有色的散文，也是中国地震史上的一份珍贵史料。

的破裂声；家具、物件的晃动与碰撞声，使我无法辨别出地震本身的声响。

然而，我弄清了震动的方向是南北向的：因为我是头朝东睡的，床的南北向震动愣是把我在床上翻了个身。天花板上的吊灯也南北向地摆动着，床头柜上杯子里的水也洒向了南边……

现在，地震学家借助灵敏的地震仪，在全世界范围内能够监测到的地震每年有上百万次，但其中绝大多数是震级较小、感觉轻微的地震，人们根本感觉不到。

正因为如此，地质学家如果一生中能亲身经历一次大地震的话，就会像刚才那位美国的地质学家一样，不仅不会感到恐惧，反而会感到异常兴奋。

近代出现摄影和影视技术手段之后，世界各地发生的大地震有了图片和影像记录。地质学家继续不遗余力地研究地震的成因以及预测地震的方法。

不过，直到板块构造学说建立起来，科学家才找到了地震发生的真实原因。

为什么会发生地震

由于大地震的破坏性会给人们带来惨重的生命和财产损失，长期以来，科学家一直在探索地震的成因，以及监测、预测地震的方法。

据《后汉书》记载，中国古代发明家张衡制造了一种仪器，能测定地震发生的方向，称作地动仪。撰写《中国科学技术史》的英国学者李约瑟称，张衡的发明比其他国家早大约 1700 年，他是发明地震仪器的鼻祖，拥有了不起的成就。尽管地动仪的核心部件已经失传，它的精确性现在也很难评估，但代表了中国古代科学家一次可贵的努力。

虽然地震看起来随时随地可能发生，并且来也匆匆，去也匆匆，让人捉摸不定，但是，研究板块构造的科学家最早发现，地震具有特定的分布规律——绝大多数地震出现在各大板块接触的地带。

这一发现不仅为研究地震的成因打通了一条坦途，也为板块构造学说提供了有力的证据。

我们在前面提到过，亚欧板块与印度洋板块相撞，碰出了喜马拉雅山脉和青藏高原；而发生

走近科学巨匠

张衡是中国古代多才多艺的科学家，他是天文学家、地理学家、数学家、机械发明家，也是文学史上大名鼎鼎的"汉赋四大家"之一。

在印度和巴基斯坦的大地震、中国西南地区和新疆一带的地震，都是亚欧板块与印度洋板块继续活动的结果。

各大板块之间的相对位移、相互摩擦扰动，便会引发地震。

同样，在海洋板块与大陆板块的交界处，也是地震频繁发生的地域。中国华北地区的多次大地震（比如蒲松龄记载的1668年山东郯城大地震、1975年辽宁海城地震），都跟太平洋板块与亚欧板块交界地带的郯庐断裂带（山东郯城—安徽庐江）活动有关。

前文提到的1906年美国旧金山大地震，则跟太平洋彼岸板块交界处的另一条大断层的活动有关。该断层称作圣安德列斯断层，是地球上地震活动最频繁的区域之一。这也是美国加州地震如同家常便饭的原因。

圣安德列斯断层是太平洋板块与美洲板块交界处形成的大断裂，它跟前面提到的不同，是两大板块相互平行移动的结果，称为转换断层。也就是说，太平洋板块并没有俯冲到北美大陆之下，而是擦身而过。

根据地震学家估算，在过去的大约13000年

环太平洋地震带和地中海—喜马拉雅地震带发生的地震，占世界地震总数量的90%以上。中国处于这两大地震带之间，是个地震多发国家。

间，圣安德列斯断层每年平均移动了 35 毫米，以这种速度计算，2000 万年以后，洛杉矶就会跟旧金山调个"个儿"，旧金山会跑到洛杉矶南面去，两座城市间的距离跟现在差不多。你们说神奇不神奇？不过，在这一过程中，加州不知还要发生多少次大地震呢！

海啸

海啸是指一种破坏力巨大的海浪冲击沿海地带的现象，它通常是由海底地震的冲击波引起海水的剧烈起伏而形成的。此外，由地震引起的大面积海底滑坡，也会产生灾难性的巨浪；海底火山喷发，也会引起海啸。

海啸的传播速度可达每小时 700 千米，在几小时之内就能横穿过大洋；海啸的波长可达数百千米，可以传播几千千米而能量损失很小；在茫茫的大洋里，波高不足一米，但当到达海岸浅水地带时，波长减短而波高急剧增高，可达数十米，形成含有巨大能量的"水墙"。

一般来说，产生海啸的地区与地震带一致，主要分布在环太平洋的海沟、岛弧地带。海啸发生较多的国家有日本、印度尼西亚等。中国东部沿海有宽广的大陆架，起缓冲作用，因此，中国大陆面临的海啸风险很小。

○ 海啸

一年中地再动。北海
水溢流，杀人民。
——《汉书》
这是世界上最早的海
啸记录，发生在中国西汉
末期的渤海地区。

海啸会瞬间摧毁和淹没沿海的建筑物，造成
巨大的生命财产损失。2010年，南美洲智利大地
震引起的海啸冲击了环太平洋沿岸的许多国家，
包括远在大洋对岸的一些亚洲国家。

中国早在汉朝就有海啸记录，古书里记载的
海溢、海潮溢、海吼、海唑、海沸等现象，都是
指海啸。

海啸不同于风浪（波涛）、长浪（涌浪）、
风暴潮。风浪是大风吹在水体上引起的波浪，所
谓"风乍起，吹皱一池春水"；长浪是远处的风

或已经过去的风引起的波浪；风暴潮是由热带风暴、温带气旋、冷锋作用下的强风和气压骤变等强烈的天气系统引起的海面异常升高或降低的现象。

风浪、长浪、风暴潮都是自上而下产生的，海啸则是从水下产生的，是自下而上的。

可以说，一般海浪只在一定深度的水层波动，而地震、水下火山以及海底滑坡引起的水体波动，是从海底到海面整个水层的起伏。

卓尔不群的火山

在地球上众多大大小小的山脉中，火山算是最神奇莫测的了。

一反普通山脉伟岸挺拔、稳健庄重的形象，火山美丽而猛烈，且神秘多变。普通山脉的生长与衰败看起来悄无声息，让人难以察觉。相形之下，火山会突然爆发，迅速拔地而起，伴随着轰响与光焰、炽热的熔岩，并喷发出漫天的烟尘，展露出猛烈不羁的火暴性格。

然而，像日本富士山那样的休眠火山，又呈现出静谧安详的贵妇人小憩之态，一点儿也不令人觉得有丝毫的威胁。沉睡了100多年的美国圣海伦斯火山，却于1980年5月再度苏醒、突然爆发，周围数百平方千米地区瞬间变成一片废墟。

简要来说，火山可分为活火山与死火山两大类（休眠火山属于活火山）。

1815年印度尼西亚的坦博拉火山爆发，是有史以来最强烈的一次火山喷发，曾使地球陷入巨大灾难，改变了整个世界。

坦博拉火山爆发，不仅活埋了印度尼西亚群岛上的数万人，而且喷出巨量火山灰，形成了巨大云层，随风飘散，蔓延到全球，遮天蔽日，造成长达三年的全球性气候变冷。1816年是没有夏天的一年：6月，美国东部的几个州下了15厘米厚的"六月雪"；

○ 火山喷发的景象

七八月盛夏季节，大地还结着冰霜。英国伦敦在那个夏天也饱受冰雹袭击。这场地质灾害造成全球农作物减产，包括中国在内的很多国家遭受饥荒、疾病以及经济衰退，世界范围内发生了社会动荡。

火山对人类的影响由此可见一斑。

火山的秉性着实让人捉摸不透。关于火山的成因，长期以来也众说纷纭。

古代人对火山充满敬畏，普遍相信火山具有超自然的性能，由山灵或火神操持着。亚里士多德猜测过，火山跟地震可能有某种关联，大概都来源于狂野的地下风暴。

然而，智者们一直没有放弃对火山的观察和研究。公元79年，意大利的老普林尼在观察著名的维苏威火山喷发时，由于距离火山太近，不幸丢了性命。他的外甥小普林尼写下了有关火山喷发的详细报道。那次火山喷发毁灭了整个庞贝古城，上万人遇难。近2000年之后，维苏威火山还时不时地喷出蒸汽和烟尘，但远不像当年那样凶猛暴烈了。

这些亲历者冒着生命危险记录下来的火山喷发场景，并没有解决火山成因问题。

直到20世纪20年代，英国地质学家霍姆斯提出了地幔中存在对流的观点，科学家才开始认识到火山的真正成因，同时这也为板块构造学说提供了支持证据。

雾岛火山群

　　位于日本九州岛南部，最高峰1700 米。近十年来，雾岛有多座火山发生小规模喷发，产生上千米高的烟尘。

基拉韦厄火山

位于美国夏威夷，自 1983 年起非常活跃。喷发时，岩浆通常直接流入大海，人们甚至可以靠近观察。

火山喷发的方式可分为几种类型：有些是"爆发型"，像炸药爆炸那样剧烈，把炽热的气体和熔岩抛上高空；另一些是"外溢型"，熔岩平静和缓地从出口源源流出，形成炽热的熔岩海；大多数火山的喷发介于这两个极端之间。

据研究者分析，火山喷出的气体主要是超热化的蒸汽，能在瞬间煮沸一个人血管里的血液，里面还悬浮着数以吨计的炽热岩粉。此外，蒸汽里还混有致命的硫化氢、氯气等有毒气体。

风向

火山灰云

火山弹

火山口

熔岩流

岩浆通道

岩浆房

岩层

火山是怎么形成的

科学家发现，火山跟地震一样，也有特定的分布规律，并且跟地震带的分布几乎完全一致，即大多在板块的交界处。

除了非洲大裂谷和高加索山脉地区，火山很少深入大陆内部，比如喜马拉雅山脉所在的亚欧板块与印度洋板块交界处，虽然常常发生地震，却没有火山活动。

前文已提过，大多数活火山集中分布在环太平洋沿岸的陆地边缘地带（太平洋"火环"）。前面提到的几处火山，除了维苏威火山，都在环太平洋地震带上。

在巨大的太平洋板块边缘，由于太平洋板块俯冲到邻近的大陆板块下面或者潜到岛弧之下，便形成了成层的火山。它们在压力累积到一定程度时，就会引发"爆炸"，即火山喷发。这也是日本地震和火山众多的原因。日本富士山有着陡峭的圆锥形斜坡，积雪盖顶，火山口烟雾缭绕，美丽的外表下却掩藏着定时炸弹般的隐患。

火山跟地震一样，揭示了地球深部的骚动。这些骚动是由地幔对流和岩石圈板块的移动引起的。

火山还跟地震一样，都出现在板块分裂和汇聚的地方。只有在这些地方，岩浆才有可能在巨大的压力下顺着岩石圈的裂隙喷出地表。

也有一些火山并不分布在板块的边缘。前面提到的非洲大裂谷地带的火山就是在非洲板块上，但由于非洲大裂谷切入地层深部，这一薄弱地带便给岩浆的逃逸提供了通道。

夏威夷火山则位于太平洋板块上。由于海洋板块比大陆板块薄得多，岩浆从板块中的薄弱地带涌上来，形成了岛屿。夏威夷群岛就是由这些涌出来的熔岩形成的。由于板块的缓慢移动，早先形成的岛屿往西北方向移动，因此越往东南方向，岛屿的年纪越轻。夏威夷火山仍旧在喷发，新的熔岩冒出水面，形成新的岛屿。所以，夏威夷群岛是由一系列西北—东南走向排列的火山岛组成的岛链，西北部的岛屿年代比较老，新的火山活动主要发生在东南部。

火山对人类的恩赐

火山带给人类的并不都是死亡和灾难，也给人类带来了福祉。世界上很多美丽的景区是火山活动形成的，比如上文提到的夏威夷群岛，中国吉林省的长白山火山国家地质公园和黑龙江省的五大连池世界地质公园，以及美国的黄石公园等。

五大连池火山群是由一系列火山组成的火山群，最近一次喷发是在清朝康熙年间（1719 年—1721 年）。火山喷发时流出了

○ 航拍五大连池景区秋季风光

大量熔岩，阻断并堵塞了当地的一条河流，把火山周围的这一河段分隔并围成了五个小湖。它们连成了一串，故称作五大连池。五大连池地区风景秀丽，还有特有的碳酸泉，泉水既可饮用，又可治病，所以成为著名的旅游和疗养胜地。

美国黄石公园坐落于活火山区域，里面有个非常有名的"老忠实泉"，它每隔90分钟左右会喷射出几十米高的热泉水柱，十分守时，气势壮观，吸引着来自世界各地的游客。黄石公园周围的温泉很多，我在美国读博士时，第一年暑假就在黄石公园一带野外实习，住的小镇叫温泉镇，类似南京的汤山温泉。每天野外工作后回到住处，泡上温泉，十分惬意。

火山活动给人类带来的区域性益处还包括医疗温泉、天然热水与蒸汽，以及地热发电等。意大利、冰岛和日本都是充分利用地热资源的国家。

此外，火山熔岩和火山灰中富含植物生长所需要的各种元素，因而火山周围土壤肥沃，吸引着人们在那里劳作和生活，并常常使人忘记火山喷发的潜在危险。

其实，远古时期火山活动给人类带来的最大益处，是我们呼吸的空气和赖以生存的水。没有地球早期频繁的火山活动，就不可能有地球上的生命起源，也不可能演化出我们人类来。

从下一章开始，我们将陆续介绍地球历史上最引人入胜的史诗般故事——化石、生命起源与演化，当然还有恐龙哦！

美国黄石公园的"老忠实泉"

"南崖新妇石，霹雳压笋出。勺水润其根，成竹知何日？"

北宋书法家黄庭坚发现了一块"奇石"，见到上面有酷似竹笋的印迹，便随手写了上面这首诗。

由于他缺乏古生物学知识，误把远古头足类化石当成了竹笋。

本章，我将向你们介绍训练有素的古生物学家是如何阅读地球历史大书中化石这种文字的。

四　石头记载演化史

黄庭坚所用镇纸内的化石——中华震旦角石

化石记录与"失去的世界"

为达尔文生物演化论铺平道路的一个重要条件，是到了 19 世纪中叶，人们对化石开始有了正确的认识。

在那之前的千百年间，西方人普遍相信：世间所有的动物都是造物主在大约 6000 年前的某一天同时创造出来的，并且自从它们出现的时候起，一直是目前这个样子。

因此，当有人发现一些动物曾经在地球上生存过，现在却完全消失了，一开始在心理上根本无法接受这一事实。

比如在 18 世纪，人们发现了生活在冰河时代的猛犸象化石，它们看起来跟现在的大象很相似，但似乎又有些差别。18 世纪末，法国博物学家居维叶经过仔细研究证实：猛犸象不仅跟现代的大象不一样，而且已经在地球上彻底灭绝了。

猛犸象的发现让人们开始认识到，在很久以前，地球上竟生存过跟今天完全不同的动物。

对一般人来说，这个"失去的世界"简直太不可思议了。而保存在石头里的"失去的世界"，

走近科学巨匠

居维叶不仅对猛犸象有研究，还第一个指出非洲象与亚洲象是不同种的象。他对许多现存动物与化石进行比较，建立了比较解剖学与古生物学。他倡导"灾变论"（与"均变论"观点对立），以此解释地球的发展和生物的演化。

化石猎人指专门挖掘和搜集古生物化石的爱好者和研究人员。

想成为一名化石猎人，需要具备丰富的地质和古生物知识储备，要有一定的野外观察经验，还要有善于发现的眼睛和勇于探索的劲头。

被地质古生物学家称为化石记录。

猛犸象化石的发现鼓舞了更多人去野外寻找化石，寻找那些曾生活在史前世界的稀奇古怪的动物。化石猎人大军中有一位著名的先驱者，是一个名叫玛丽·安宁的英国女孩。

早在1811年，十来岁的安宁就发现了一条完整的鱼龙化石。鱼龙是生活在恐龙时代海洋中的大型爬行动物，由于具有鲨鱼一样的流线型体形，被古生物学家命名为鱼龙。

当时，安宁的这一发现轰动了全世界。后来，她还发现过许多其他重要的化石，是历史上伟大的化石发现者之一。美国加州大学有一项古生物学奖学金就是以她的名字命名的。

安宁和其他化石猎人的发现，对当时绝大多数人来说确实是对心灵的一种巨大冲击：原来地球上有过一个"失去的世界"，曾经生活过那么多现在再也见不到的动物了——这跟传统观念完全不同啊！

毫无疑问，化石为达尔文生物演化论提供了实实在在的证据。那么，究竟什么是化石呢？化石记录又是如何反映生物演化的呢？

○ 鱼龙畅游在"失去的世界"之中

什么是化石

了解科学元典

沈括的《梦溪笔谈》是一部综合性笔记，记载了中国古代的自然科学、工艺技术及社会历史现象，比如生物化石、石油等（相关内容参见本书附录三）。李约瑟评价此书为"中国科学史上的里程碑"。

化石是个外来词，它的本意泛指从地下挖出来的各种各样的东西。

从16世纪到18世纪间，大多数西方博物学家面对那些酷似生物的化石，由于受到传统观念的束缚，难以理解它们的有机性质。有人认为，化石是由一种"塑形力"在地层中所产生的生物形象，并不是曾经活着的生物。有人则穿凿附会地说，化石只是上天埋在岩石中的小玩意儿，是留给发现者去玩耍的。

在西方，只有达·芬奇与斯坦诺最早认识到：化石是曾经生活在地球上的远古动植物留下的遗体或遗迹。

反倒是有一些中国古代文人，比西方人更早地认识到化石的生物属性。英国著名科学史研究者李约瑟在《中国科学技术史》一书中指出：中国宋朝的文人沈括与朱熹，从高山上发现的螺蚌壳化石推想到沧海变桑田，比达·芬奇的见解早好几百年。

那么，化石一般是怎样形成的呢？

一般来说，远古动物死后，它们的肌肉与内脏等软组织很快会被食腐肉的动物吃掉或自行腐烂，只有牙齿和骨骼等坚硬部分会保存较长时间。

如果牙齿和骨骼被雨水冲刷到附近的水体中，被泥沙迅速掩埋，那么它们被保存为化石的概率就会变大。水中的矿物质会逐渐渗入并沉淀在牙齿与骨骼有机质腐烂后留下的空间里。由于这些矿物质极为缓慢地替代了其中的有机质，因此牙齿和骨骼的原来形态通常能完好无损地保存下来，只是原来的有机质变成了矿物质，即石头。

化石形成的这一过程称作石化过程。植物化石的形成也大同小异。

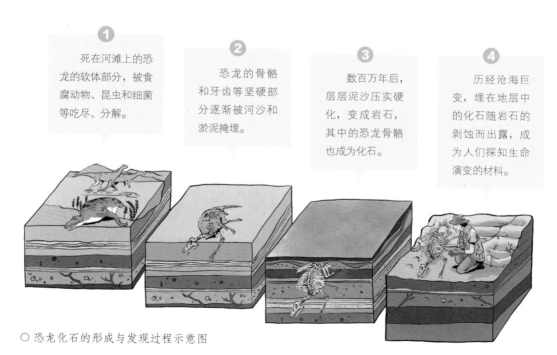

① 死在河滩上的恐龙的软体部分，被食腐动物、昆虫和细菌等吃尽、分解。

② 恐龙的骨骼和牙齿等坚硬部分逐渐被河沙和淤泥掩埋。

③ 数百万年后，层层泥沙压实硬化，变成岩石，其中的恐龙骨骼也成为化石。

④ 历经沧海巨变，埋在地层中的化石随岩石的剥蚀而出露，成为人们探知生命演变的材料。

○ 恐龙化石的形成与发现过程示意图

总之，化石形成与保存的主要有利条件包括：

1. 生物体被泥沙迅速并长期地掩埋；

2. 生物体内有化学性质较稳定的物质组成的硬体（如动物贝壳、骨骼及植物木质部结构等）；

3. 水体中含钙质、硅质或其他矿物质，其分子会缓慢取代生物硬体中的有机质分子；

4. 在石化、成岩过程中，没有受到强烈地壳运动带来的高温高压的影响与破坏。

霸王龙"苏"

在美国芝加哥菲尔德自然历史博物馆恐龙展厅，有个名字为"苏"（Sue）的霸王龙骨架。右上方是它的复原图。

由于化石稀少、珍贵并具有重要的科学价值，因而有极为独特的魅力。像恐龙之类的史前动物，不知曾勾起过多少小朋友的好奇心！

西方人常说，每一个孩子都有过自己美丽的恐龙梦。因而，自然历史博物馆通常是孩子们最向往的去处，而其中的恐龙展厅总是最吸引孩子们的地方。

地球历史也分"朝代"

化石记录为我们了解地球历史上的生物演化提供了最直接的证据。它使我们了解到，在遥远的史前时代，地球上曾经生活过一些现已灭绝了的生物，还帮助我们了解它们的面貌、生活习性及生存环境，它们当时在地球上的地理分布及生存时间的范围，它们相互之间的关系，以及它们与现代生物有没有亲缘关系，等等。

化石记录展示了纷繁多样的生命形式，以及它们从共同祖先逐渐演化、不断分异的过程，提供了很多过渡类型（缺失环节）的化石证据。

术语

生物的分异指在生物演化过程中，同一物种的后代由于变异而差异越来越大，最后分成两个或更多的物种。

缺失环节是指在生物演化过程中，并不是所有发生了变化和分异的个体都能保存为化石，因而中间类型（过渡类型）是什么样子，科学家就不得而知了。比如在发现始祖鸟化石之前，尽管有科学家认为鸟类是从爬行动物或恐龙演化而来的，但这一演化过程缺乏过渡类型的化石证据。始祖鸟恰好既有爬行动物的特征，又有鸟类的特征，就称作缺失环节。

此外，化石记录还为地质古生物学家提供了一个非常有用的"计时"方法。由于生物一直在发生着变化（演化），每一个时期的生物面貌跟以前或以后的都不相同。地质古生物学家利用每个地层中化石面貌的差异，建立起地球历史上的各个"朝代"，又称作相对年代。

这种"计时"方法是英国地质学家威廉·史密斯在19世纪初最先提出的。

18世纪末，威廉·史密斯作为开凿运河的地质顾问，考察了挖河所暴露出来的大量含化石的侏罗系地层。他发现：每个连续出露的岩层都含有自身所特有的化石，利用这些化石便可以把不同时代的岩层区分开。换句话说，相同时代的地层中含有相同或相似的古生物化石组合，而不同时代地层中含有不同的古生物化石组合。

这条规律把地质年代与生物演化阶段联系起来，因此，可以根据不同时代的地层中含有不同的化石组合，来进行地层的划分与对比。

史密斯运用这一原理，于1815年编制了第一幅英国地质图，并于1817年发表了《化石地层层位》。他当之无愧地被誉为"地层学之父"，他发现的这一原理也成为地质古生物学的另一条

走近科学巨匠

威廉·史密斯是英国地质学家，也是生物地层学奠基人。他发现了化石与地层顺序规律的关系，从而创立了一套绘制地质图的基本工作方法，并提出化石层序律的概念。

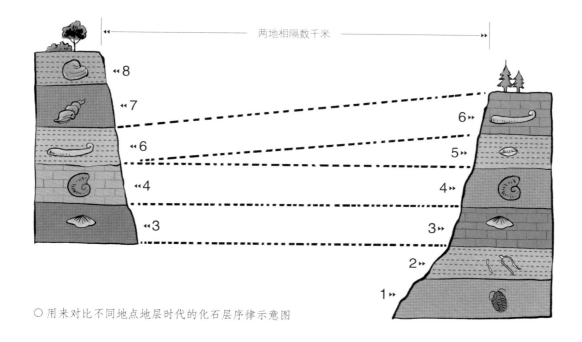

○用来对比不同地点地层时代的化石层序律示意图

基本定律——化石层序律（也称为史密斯定律）。

　　还记得我们前面介绍过斯坦诺提出的地层层序律吗？地层层序律与化石层序律这两条定律，奠定了现代地质古生物学的基础。

　　在上述两条地质古生物学基本定律的基础上，科学家为地球历史制定了一个反映"朝代"更替的地质年代表，来记录地球历史上重大地质事件（包括生物演化阶段）发生的时代，反映出地质事件发生的时间和顺序，这实际上是地球"编年史"的轮廓。

距今时间 （百万年前）	地质年代			延续时间 （百万年）
	代	纪	世	
— 0.01 — 2.6	新生代	第四纪	全新世	2.6
			更新世	
5.3 23		新近纪	上新世	20.4
			中新世	
34 56 66		古近纪	渐新世	43
			始新世	
			古新世	
	中生代	白垩纪		79
145		侏罗纪		56
201		三叠纪		51
252	古生代	二叠纪		47
299		石炭纪		60
359		泥盆纪		60
419		志留纪		24
444		奥陶纪		42
485		寒武纪		56
541 约 4600	前寒武纪			约 4059

○ 地质年代表

地质古生物学家主要依据地层新老顺序、生物演化不同阶段和地壳运动的阶段性等，把地球历史划分成若干个自然阶段或时期，就像人类历史中的朝代划分一样。

表中，中间一栏"地质年代"（代、纪、世）称作相对地质年代，类似中国历史上的唐、宋、元、明、清等朝代更替。它只反映这些地质时代的先后顺序，并不表示各地质时代单位的长短。

左侧一栏"距今时间（百万年前）"的数字代表每一地质时代的绝对年龄，是通过计算地层中某些矿物或化石所含的放射性同位素衰变而得来的。

古生代、中生代和新生代，分别代表古老生物时代、中间生物时代和新近生物时代的意思。

前寒武纪代表一个更古老、更漫长的地史（地壳的发展历史）阶段，那时候的生物更古老，地层中的化石极其稀少，大多数情况下甚至找不到化石。

从寒武纪开始，标志着古生代的开始。古生代海洋中的生物逐渐演化出具有硬体（如贝壳、骨骼）的较高级动物，因此岩层中开始出现大量海洋动物化石。这些海洋动物代表了现代海洋动物的一些主要类群，比如水母、海绵动物、节肢动物（如三叶虫）等。跟现代海洋动物比起来，它们显得非常古老，并且大多早已灭绝了。这些类群像短时间内突然出现的，因此古生物学家把这一生物演化事件称作"寒武纪生命大爆发"。

古生代包括寒武纪、奥陶纪、志留纪、泥盆纪、石炭纪和二

○ 古生代海洋中鱼类、三叶虫、海百合与板足鲎等生态复原图

这些精美的生态复原图是由受过科学训练的艺术家画出来的。艺术家首先要复原动植物化石所代表的生物生活时的模样，这些并不是单靠想象力就能完成，还要熟悉生物的解剖特征。艺术家复原好动植物之后，再根据它们的形态特征推断其生活环境。由这些动植物及其生活环境组成的综合画面，就是生态复原图。

叠纪；其中，寒武纪又可进一步分为早寒武世、中寒武世和晚寒武世，每个世还可细分为若干个期。

在有关地球的众多奥秘中，地球上竟出现了生命，恐怕是迄今为止尚未破解的最大奥秘了。毕竟，在浩瀚的宇宙中，目前我们确知，古往今来只有地球上演化出了生命，这是一件多么了不起的神奇事件啊！

下一节，我们将介绍目前科学家对地球上生命起源的认识，以及"寒武纪生命大爆发"是如何发生的。没有这些，就不可能有目前地球上精彩纷呈的生物多样性，自然也不会演化出我们人类自身，因为最初的一切都是从无到有的。

生命起源的奥秘

生命是何时开始出现在地球上的？地球上的生命又是如何起源的？多年来，进化生物学家与古生物学家一直在努力寻找这些问题的答案。

目前，古生物学家已经在南非、澳大利亚西部以及格陵兰岛等地 32 亿年以上的古老岩石中找到了有机物留下的化学痕迹（化学化石）。在有机物分解的过程中，其细胞的化学残迹会保存在沉积物当中。古生物学家通过分析这些沉积物形成的岩达尔文是 19 世纪英国著名的博物学家，也是人类历史上最伟大的科学家之一。

1859 年，达尔文出版了《物种起源》，指出地球上所有物种都是由少数共同祖先演化而来的。该书成为现代生物演化论的基础和生命科学的基石，被称为"震撼世界的书"。

石，就可能找到其中所保存的有机物类型的一些蛛丝马迹。

近年来，科学家在澳大利亚西部约 34.8 亿年前的岩石中也发现了微生物化石。他们认为这些微生物是陆地上已知的最古老的生命形态。这一发现支持了达尔文对生命起源的猜测。

1871 年，达尔文在给他的朋友、植物学家约瑟夫·胡克的信中写道，生命可能诞生于"某个温暖的小池塘中，里面有氨、磷酸盐、光、热、电等所有的东西"。

达尔文一生中有过很多大胆的科学猜想，除了一次例外，其他均被后来的科学证实——这在科学史上是独一无二的。

达尔文的另一个著名的猜想是人类起源于非洲的类人猿。这在当时是无人相信甚至敢于想象的，因为那时候世界上尚未发现任何古人类化石。他超前了 100 多年！

他的猜想都是建立在严格逻辑推理的基础之上的，因此屡屡猜准。他认为，人类与黑猩猩有诸多相似之处，现在的黑猩猩分布在非洲，因而人类祖先的化石理应埋藏在非洲大陆。后来，大量的化石发现和目前"走出非洲"的人类起源理论充分彰显了达尔文科学精神的伟大。

近些年来，在地表温泉和深海热泉中，尽管水温高达300多摄氏度，科学家还是惊奇地发现了很多微生物在其附近生存与繁衍。这种情况很可能与达尔文推测的生命起源环境相去不远。

古生物学家的研究还显示，32亿年以上的化石是一些细菌化石。这些细菌的细胞内还没有细胞核，因而也没有染色体，故称为原核生物。由于那时地球大气内的氧含量极低，这些细菌生活在无氧或低氧的环境中，因此又称为厌氧菌。

直到在大约27亿年前形成的岩石中，科学家才找到真核生物大分子的化石（真核生物有了包含染色体的细胞核）。

据此，科学家推测，地球上的生命起源于40亿～30亿年前。也就是说，在地球形成后不到10亿年间，地球上就出现了最早的生命。

必须指出的是，上述30多亿年前的化石在科学界并不是毫无争议的。迄今为止，确凿无疑的最古老化石当属大约21亿年前的叠层石。

叠层石是一种生物沉积构造，它是由带点儿黏性的原核生物——蓝细菌（旧称蓝藻或蓝绿藻，它含有叶绿素a，能在进行光合作用时释放出氧气）黏住了微小尘粒而逐渐形成的一种层层相叠

○ 叠层石化石

的沉积结构。

叠层石化石在全球分布很广，可见蓝细菌是当时地球上占统治地位的生命形式。天津市蓟州区就有著名的叠层石国家地质公园。

起先，古生物学家是通过化石发现叠层石的，但 20 世纪 60 年代初，科学家在澳大利亚西海岸的鲨鱼湾发现了现代叠层石生物群落，使古生物学家对叠层石化石的成因与古生态有了更为确切的认识。

○ 澳大利亚西海岸鲨鱼湾的现代叠层石生物群落

鲨鱼湾的叠层石出露在潮汐之间，看上去灰蒙蒙的，没什么光泽，很像大坨大坨的牛粪。它们生长在海滩的浅水区域，充满了生机。据生物学家估计，每平方米叠层石上生活着多达几十亿个微生物个体。如果仔细观察，还能看到水下的叠层石上有一串串的小气泡冒出水面——这是微生物进行光合作用时释放出氧气所致。

科学家确信，在地球上生命演化的早期阶段，这些微生物曾是为地球大气造氧的"功臣"，正是它们为后来的"寒武纪生命大爆发"创造了必要条件。

鲨鱼湾现代叠层石群落的蓝细菌是地球上进化最慢的生物，即古生物学家通常所说的"活化石"之一。

目前，氧气约占地球大气的21%，是大多数生物生存与繁衍的必要条件。氧气是动物体内进行化学反应所必需的重要成分，能帮助动物把摄入的食物转变成能量。细胞如果缺氧，就会死亡。如果没有氧气，地球上就不可能有现在的生物多样性。

然而，在地球存在的前半期，氧只是作为化学元素存在于水或岩石中，而不是处于游离的气体状态。之后，氧气才渐渐开始以游离状态出现在大气和海洋中，但大气中的氧含量仍低于1%。直到大约25亿年前，地球中的氧气才突然开始富集，这一变化被地质古生物学家称作大氧化事件。

氧是一种活性很强的分子，很容易与其他元素产生化学反应而生成新的氧化物。如果它不能持续地产生，便会慢慢地从大气

在这幅海底生态复原图中，乳白色漂浮动物为水母，叶状动物为海鳃类。埃迪卡拉生物群因最早发现于澳大利亚南部的埃迪卡拉地区而得名。

中消失。现代大气中的氧浓度主要靠植物和藻类等的光合作用来维持。它们在进行光合作用时，将太阳能转化为化学能，并释放出氧气，这样氧气才能在大气中不断积累。

在约25亿年前出现大氧化事件时，构建叠层石的光合微生物已经生存了3亿年左右。无疑，它们与地球上其他蓝细菌一起，为大气中氧浓度的增加立下过汗马功劳。

科学家还发现，大气与海洋中氧浓度的增加，确实与生物演化有密不可分的联系。在大约8亿年前，海洋中的氧含量上升到现代水平的2%～

3%，这一氧浓度足以维持简单小型动物的生存，此种情形也表现在现代海洋氧气贫乏的水域中。

在化石记录中，6.5亿～5.7亿年前，动物界出现了小型具硬壳的低等动物，以及大量不具硬壳的较高等动物。高级藻类（如红藻、褐藻等）也进一步繁盛。这时的地球已彻底改变了原来死气沉沉的面貌，埃迪卡拉生物群便是这一时期的主要代表。

埃迪卡拉生物群发现于澳大利亚、纳米比亚、加拿大、俄罗斯和中国等地，主要由类似水母类、蠕虫类和海鳃类的生物组成，大多以印痕化石的形式保存下来。埃迪卡拉生物群中大多是软体动物，活动性也比较差。尽管它们的形态、结构都很原始，但它们是前寒武纪就出现在地球上的多细胞真核生物。

术语

印痕化石指生物体在沉积物（岩层）中留下的印迹。生物遗体本身虽然腐烂了，却真实地保存了生物体原来的外部形态。

你可以拿一块橡皮泥和一枚硬币试试看，硬币压在橡皮泥中能留下印迹，跟印痕化石最初形成时的情形很像。

"寒武纪生命大爆发"

前文提到的埃迪卡拉生物群，虽然开始出现不少较复杂的多细胞真核生物，但绝大多数动物

99

固着在海底，或"随波逐流"，漫无目的地移动，多以微生物及蓝细菌为食，还没有出现攻击型的捕食者。所有这些简单的生命形式组成了一个十分简单的生态系统。

在距今约 5.4 亿年的寒武纪早期，发生了生命史上最为迅速和壮观的生物演化事件，即在不到 3000 万年的时间内，地球上"突然"涌现出许多新型的动物门类，其中大多数门类的后裔直到今天依然存活着。

这就是生命史上发生的"寒武纪生命大爆发"事件。在此之前，世界上发现的动物化石数量很少，种类也十分单调。自此以后，地球上的古生物化石数量突然大增，化石记录变得丰富多彩。

在介绍这些"突然"出现的新型动物门类之前，我们有必要先来熟悉一下它们的"身份"。

现代动物一般分两大类，主要根据背部有没有一条由脊椎骨连接成的脊柱（比如我们背上的脊梁骨以及鱼背部从前到后那条长刺）来划分：有脊柱的称作脊椎动物，没有脊柱的称作无脊椎动物。

每一大类又进一步划分为不同的类群（包括"纲""目"等）。无脊椎动物主要有肉足虫类（包括主要生活在海洋里的有孔虫与放射虫）、海绵动物（原始水生多细胞动物）、腔肠动物（水母、珊瑚、海葵等）、软体动物〔进一步分成腹足类（如具有单壳的蜗牛）、双壳类（如具有左右开合双壳的蛤蜊）与头足类（如乌贼、鹦鹉螺等）〕、节肢动物（如虾、蟹、蜘蛛、蜈蚣、昆虫等）、

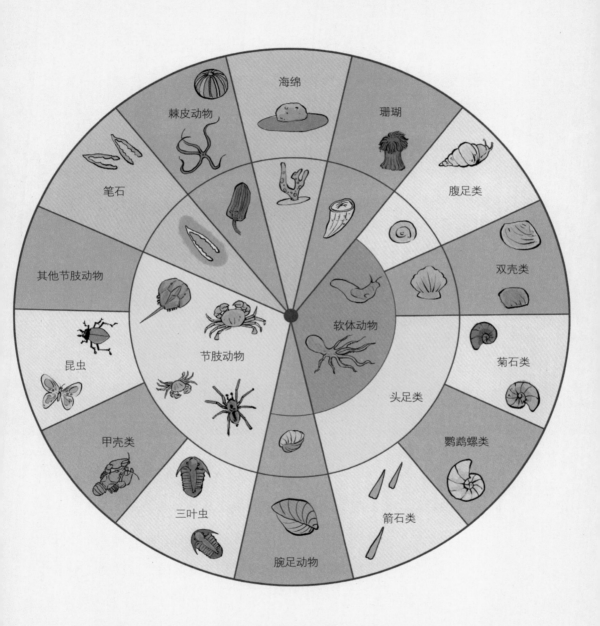

○ 无脊椎动物主要门类及代表动物示意图

○ 寒武纪生物群部分动物化石复原图

腕足动物（具有上下开合双壳的海生底栖动物，如舌形贝，又叫海豆芽）、棘皮动物（如海星、海胆、海参、海百合）等。

寒武纪生物群中，开始出现有腿和复眼的节肢动物（如三叶虫）、腮部呈羽毛状的蠕虫类动物、体内有骨骼支撑的古杯动物、体外有硬壳保护的原始双壳类与腕足动物，以及海绵动物等。它们中不乏具有现代生物形态结构并且移动性很强的动物，并首次出现了"张牙舞爪"、敏捷的攻击型捕食者，从而构成了一个全新的生态系统，并迅速取代了前寒武纪简单的生态系统。

捕食动物的崛起，很可能引发了生物演化史上的"军备竞赛"，导致了复杂的身体形态与动物行为的出现，加速了生物演化的步伐。这无疑是生命史上最重要的事件之一。

"寒武纪生命大爆发"事件具有代表性的生物群最早发现于20世纪初。

1909年夏，美国古生物学家维尔卡特携全家度假，来到了加拿大落基山脉的布尔吉斯山。在野外地质旅行的回程途中，维尔卡特夫人的坐骑被一块石头绊倒。当维尔卡特捡起那块讨厌的石头时，却惊奇地发现它是一块化石——一块软体动物的印痕化石。意外的发现使这位职业古生物学家兴奋不已。

次年夏天，维尔卡特带着野外考察队回到这块"福地"，进行了大规模的发掘，采集到了上千块化石标本，包括100多种保存精美的无脊椎动物化石。其中除了大量三叶虫一类的节肢动物化石，还有类似海葵的腔肠动物化石，也有类似海胆、海参、海百合一类的棘皮动物化石，此外还有蠕虫类、腕足类、海绵动物和环节动物等的化石，种类繁多，形态怪异。这就是著名的布尔吉斯生物群。

从生物演化角度看来，布尔吉斯生物群最重要的成员是一条长约5厘米的皮卡虫（又称皮卡鱼，即下图左上角颜色发白的小动物）。它外表看起来像条压扁的小泥鳅，背部有一条硬

布尔吉斯生物群

　　图为加拿大布尔吉斯生物群部分动物化石复原图。图中间的"庞然大物"是长约两米的巨型食肉动物奇虾，左上角的白色小动物是皮卡虫。

棒状的脊索，与现代的文昌鱼类似。它背上的那条脊索，正是我们后背上脊梁骨的前身。

5亿多年前，"寒武纪生命大爆发"事件发生在海洋中，那时的动植物都生活在海里。在之后1亿多年间（包括奥陶纪、志留纪及泥盆纪），海洋生物继续大发展：三叶虫等节肢动物、腕足动物（如海豆芽）持续繁荣并出现多样化，珊瑚、海胆、海百合、双壳类、头足类和腹足类出现并走向繁盛。

这一时期的海洋中，最引人注目的是出现了一些新型的无颌类：尽管它们的口中没有上下颌骨以及牙齿（它们只能吃微生物与海藻，有时也许会吮食其他大型动物的死尸），却像罗马武士那样身披"盔甲"，以保护自己免受其他捕食者伤害。

这些鱼的长相很古怪，虽有鱼形的外貌，却跟我们熟悉的鱼大不相同。有些只有单个的尾鳍，没有成对的胸鳍与腹鳍，头部及身体前半部通常长着骨质甲片，因此统称为甲胄鱼类。它们的样子虽可怕，但行动笨拙，并不是主动的攻击者。

在距今大约4亿年（志留纪到泥盆纪）的海洋中，甲胄鱼类曾盛极一时，因而古生物学家通

对生物来说，脊梁骨（脊柱）的出现意味着身体有了内骨骼的支撑和保护。就像建筑物离不开梁柱一样，脊椎动物体内也离不开脊柱。

当我们人类站立和行走时，脊柱还有承重、减震、平衡等功能，使全身运动更加灵活。

○ 甲胄鱼类生态复原图

常把志留纪、泥盆纪称作"鱼类的时代"。

"寒武纪生命大爆发"事件对生命演化史有极其重大和深远的影响，它建立了整个古生代近 3 亿年间海洋生物演化的基本格局。它所建立的动物基本形态结构至今依然存在，在软体动物、节肢动物等门类中尤其明显。

不过，自寒武纪以来演化出的很多新类群，尤其是脊椎动物的各个类群，跟寒武纪的生物面貌已经大不相同。由于其中很多类群早已相继灭绝，今天地球上的生物群跟寒武纪时相比更是面目全非。

接下来，我们将会介绍地球历史上自寒武纪至现代的生物演化简史，以及其间经历的 5 次生物大灭绝事件。

"生命之树"

　　"寒武纪生命大爆发"事件发生后，无脊椎动物的主要门类代表均已出现，脊椎动物的祖先和鱼类也已出现。接下来就由以自然选择为主要机制的生物演化来完成。

　　达尔文的演化论强调的一点是，生物演化是一个缓慢、渐进的过程。在漫长的地质时期里，微小的变异逐渐积累，才能发生演化（这一观点又称作"渐变论"）。整个过程需要数千万年，历经多个世代。

　　显然，由寒武纪生物群逐渐演化成今天地球上的生物多样性，接下来唯一需要的就是时间——漫长的地球历史是不缺时间的。事实上，这一过程只用了5亿多年，比整个地球历史的十分之一稍长一点儿。

　　如前所述，地球上最早的脊椎动物是无颌鱼类，它们生活在五六亿年前。无颌鱼类逐渐演化成硬骨鱼，然后演化出长着短腿、在水里和陆地上都能生存的两栖动物。再后来，地球上出现了能够完全在陆地上生存的爬行动物，之后演化出了鸟类和哺乳动物。作为哺乳动物的一员，我们人类自身最终也通过演化而诞生了。

　　这些过程可以通过"生命之树"展示出来。

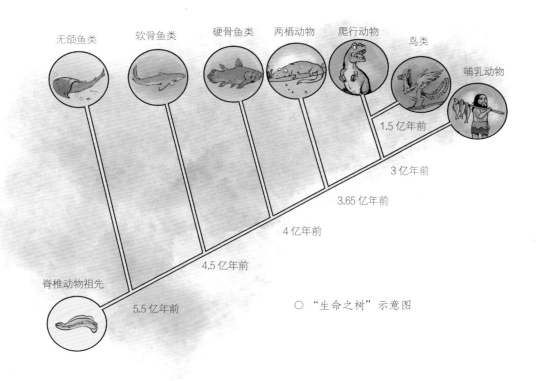

无颌鱼类　软骨鱼类　硬骨鱼类　两栖动物　爬行动物　鸟类　哺乳动物

1.5 亿年前

3 亿年前

3.65 亿年前

4 亿年前

4.5 亿年前

脊椎动物祖先

5.5 亿年前

○ "生命之树"示意图

走近科学巨匠

恩斯特·海克尔继达尔文之后，最早尝试绘制反映生物演化的"生命之树"图。他画的"生命之树"图由三个主要的分支谱系组成：原生生物、动物和植物。他把脊椎动物放在动物界的顶端，并把人类置于最顶端。

达尔文的《物种起源》发表后，很多科学家开始研究生物演化之谜。德国博物学家恩斯特·海克尔根据达尔文的生物演化论，画出了"生命之树"，用图形展示生命的演化。随着时间的推移，物种内出现了越来越多的变异，有些变异最后消失了。

你可以将地球上出现过的所有物种画在一个树状图上，亲缘关系相近的物种在同一个分枝上。数千万年以后，树枝末端的物种和树根部位的祖先

○ 一种叫鱼石螈的脊椎动物登上陆地

有了很大的不同——它们最终形成了完全不同的新物种。

不同的变异由亲代遗传给后代，在自然选择下，对生物自身生存不利的变异被清除掉，而对生物自身生存有利的变异得到保存和积累，最后演化出了新物种。结果是，"生命之树"不断产生分枝。有些分枝上的生物灭绝了，另一些分枝上却长出新的分枝，就这样，物种在漫长的地质时间中形成、灭绝或演化出新的物种。

物种灭绝是生物演化系统的新陈代谢机制。如果没有白垩纪末期恐龙的全部"下岗"，就不可能有后来的哺乳动物大发展，也就不会有人类今天的样子。世上凡事都有两面性，人生中"不以物喜，不以己悲"的豁达情怀也蕴含这一哲理。

生物大灭绝

漫长的地球历史上，生命开始扩散。生命最先出现在水中，然后征服陆地，最后形成丰富多彩的生物多样性。但是，被后人称为大灭绝的自然灾害周期性地消灭了许多物种。正是地球历史上最后一次生物大灭绝，结束了恐龙在地球上的霸主地位，使它们走向灭亡。

生命存在的环境一般处于平衡状态，一旦平衡被打破，很可能会引起灾难。化石记录显示，地球上的生物曾经历5次大灭绝，许多物种在一个相对短的时期内全部灭亡了。科学家担心，人类的某些活动（比如污染、过度开荒和过度捕捞）会带来第6次生物大灭绝。

下面，我们简单回顾一下地球历史上发生过的5次生物大灭绝事件（按由新到老的顺序）：

1. 白垩纪—古近纪大灭绝

大约6600万年前，一颗小行星撞向地球，使地球上包括恐龙在内的约80%的生物物种都灭绝了。这场灾难标志着中生代

结束，新生代开始。

2. 三叠纪—侏罗纪大灭绝

2.01亿年前，三叠纪结束，约75%的物种灭绝。科学家推测，这次生物大灭绝的原因可能是熔岩流引起海水缺氧，导致动物无法生存。

3. 二叠纪—三叠纪大灭绝

约2.52亿年前，又发生了一次大灭绝。这是5次生物大灭绝中规模最大的一次，毁灭性也最强，大约有96%的物种灭绝了。这场灾难标志着二叠纪结束，三叠纪开始；同时，也标志着古生代结束，中生代开始。这次大灭绝的确切原因至今仍然有争议。

4. 泥盆纪后期大灭绝

这场大灭绝发生得很缓慢，前后持续了2000多万年，并在大约3.6亿年前结束。大约75%的海洋物种灭绝，影响了陆地上的早期生命。

5. 奥陶纪—志留纪大灭绝

大约在4.45亿年前，发生过两次物种大灭绝。这给当时的海洋生物带来了毁灭性的后果，约有85%的海洋生物物种消失了。地球上冰川广布被认为是奥陶纪末生物大灭绝的主因。

在漫长的历史上，地球还经历了 5 次大冰期和十几次全球冰川作用。在对地形地貌的塑造方面，冰是一种缓慢却强大的力量。冰川的移动几乎是看不见的，它们平均每年前进不到 0.5 千米，却能侵蚀形成巨大的 U 形谷。当岩石裂缝中的水结冰时，其体积膨胀，挤压周围的岩石，使岩石破碎。冰就是通过这种方式，慢慢改变了山川的模样。

同时，冰期带来的全球范围内气候变冷，深刻地改变了生物的生存环境，甚至引起全球性的生物大灭绝事件，比如前文提到的奥陶纪—志留纪大灭绝。

○ 今天地球上的极地冰川

然而，由于一些生物的灭绝为另一些生物后来的发展提供了空间与契机，从某种意义上说，生物灭绝是生物演化不可或缺的一个环节。俗话说，"旧的不去，新的不来"，新陈代谢、新老更替原本就是生命的重要特征之一。事实证明，地球历史上的生物大灭绝事件总是意味着危险与机遇同在。

　　生命演化30多亿年间，历经无数次"冰与火"的洗礼，但地球上的生物不仅没有彻底绝迹，反而从小到大、从少到多、从弱到强、从水到陆、从简单到复杂，不断地发展壮大，一次又一次地像凤凰浴火重生一样，至今依然生机勃勃。基因的遗传变异与自然选择，无疑是生命长河永不枯竭的源头活水。

　　正如道金斯所说，生命演化是地球上最精彩的大戏。

Evolution is the greatest show on earth.
生命演化是地球上最精彩的大戏。

——理查德·道金斯

　　理查德·道金斯是英国演化生物学家和科普作家，一生致力于捍卫和宣传达尔文的生物演化论。

你们一定很关心，第 6 次生物大灭绝到底会不会发生呢？

在长达 38 亿年的生命历史上，至少发生过 5 次生物大灭绝事件，深刻地影响了生命演化的进程。这些都是在人类出现以前由自然界引起的，因此，第 6 次大灭绝不是到底会不会发生的问题，而是什么时候将会发生的问题。

自从地球上出现人类以来，尤其是 19 世纪工业革命以来，人类改造自然的活动无疑加速了很多生物物种的灭绝。无论人类是否要为第 6 次生物大灭绝负责，它迟早都会发生。

但是，这并不表示我们可以袖手旁观，也不意味着人类束手无策。我们有许多事情可做：从保护环境到开发可持续能源，乃至科学地防治自然灾害，都可以减缓第 6 次生物大灭绝来临的步伐。从修建防辐射的地下城市到星际移民，或许未来人类可做的事情还有很多。

人类能否挺得过去第 6 次生物大灭绝？这既考验人类自身的智慧，也取决于大自然的眷顾。

"青山遮不住，毕竟东流去"，第 6 次生物大灭绝不可畏，"人定胜天"的观念不可取。

"沉舟侧畔千帆过，病树前头万木春"，生命史上每一次大灭绝过后，随之而来的都是新生命的大复苏与大繁荣！

郭沫若先生在《炉中煤》里写道："啊，我年青的女郎！我想我的前身原本是有用的栋梁，我活埋在地底多年，到今朝才得重见天光。"

　　煤和许多其他矿物资源是人们日常生活中不可或缺的必需品，是地球母亲对人类的恩赐。

　　本章，我会给你们讲讲矿产资源的成因。

五　地球恩赐矿产多

丰富的地球资源

地球不仅为我们提供安身立命之所，还赋予我们丰富的自然资源。

我们消费的一切物品均来自三种渠道：1.种植与养殖；2.渔猎与采伐；3.开采与冶炼。这一切都依靠丰富的地球资源。由于前两项人类生产活动所使用的工具都依赖地球上的矿物资源，并通过第三种渠道得以实现，因此，我们需要认识我们命运所系的重要矿物资源——这是地球母亲给予我们的恩赐。

我们必须先"知恩"，而后方能"图报"。最好的报答是珍惜资源和有节制地利用资源，努力保护环境，保护地球母亲。

地球上的自然资源可分为两大类：

1.可再生资源：指通过天然作用或人工经营，能被人类反复利用的各种自然资源。

2.不可再生资源：指在漫长的地球历史时期内经过各种地质和生物作用而产生的资源，经人类开发利用后蕴藏量不断减少，在相当长的时期内不可能再生。

地球向人类提供各种各样有用的岩石、矿物和其他原材料。我们开采砂石用作建筑材料，制造水泥、玻璃等，提炼60多种

地球上的自然资源分类

可再生资源

A. 绿色能源
太阳能、风能、水能（水力发电）、地热能
B. 动植物资源
食物、衣物及其他一些生活必需品中的动植物制品来源

A. 岩石矿物资源
a. 金属矿物，比如金、银、铜、铁
b. 非金属岩石，比如宝石、钻石、大理石
c. 各种非金属矿物，比如硅、磷、石膏
B. 化石燃料
煤、石油和天然气

不可再生资源

金属，以及数百种元素和化合物。岩石是我们日常生活中最常见、也最有用的自然资源。

早在旧石器时代，人类祖先就开始用石头制作各种石器工具和饰物。数千年来，人们开采板岩（俗称石板），建造房屋和桥梁等建筑物；此外，岩石中的矿物经过加工后，可用来筑路、制作首饰和日用品。

地球上最伟大的建筑物（包括长城、金字塔等）的修建都离不开岩石和矿物。著名的印度泰姬陵建造于17世纪，是一座主要由白色大理石建造的陵墓，大理石产自印度，玛瑙、紫晶等宝石来自亚洲其他地区。

用黏土烧制的砖头、用水泥和砂石等制作的混凝土，以及由岩石、矿物、贝壳化石经过剥蚀作用而粉碎成细粒的沙子,都是修建现代建筑物、桥梁、高速公路等不可缺少的原材料。沙子还是制造混凝土和玻璃的原材料。石头和沙子看起来到处都是,但它们属于不可再生资源,并非"取之不尽、用之不竭"。

金属是地球矿物资源中最重要的原材料之一。金属具有高强度、可塑性及优良的传热、导电等特殊性能。金、银等贵金属不仅具有货币属性,而且能加工成项链、手镯等贵重首饰。还有一些金属元素(比如钙、锂)具有医药用途。

○ 中国古代修建长城的情景

金属大多是从金属矿产中分离出来的，只有少数金属（比如金、银、铜、铂等）会有天然的纯金属矿床，其他金属都是以金属化合物的形式存在于岩石中。当金属化合物富集到一定程度时，就形成了具有开采价值的矿床。

即便在现代，采矿与金属冶炼依然是重要的工业部门。金属矿产从野外矿床开采出来后，被运往冶炼厂，轧成碎块，然后通过高热、化学或高强电流等工艺手段，把矿石碎块中的金属分离出来，制作成各种金属材料和元件。

金属的利用是人类历史上最重要的技术进展之一。与石器相比，金属工具不仅坚固耐用，而且能被铸造成更多种形态。此外，金属工具在它们的锋利部分被磨钝之后，不需要像石器那样另起炉灶般重新打制，只要经过一番打磨，又会变得锋利。

公元前7000年左右，在西亚的肥沃新月地带，一些农耕部族开始利用天然形成的纯金属铜块和金块制作珠宝首饰。

自大约公元前5000年开始，位于西亚的亚美尼亚出现了金属铸造厂，加工制作金、银、铜、铁、锡等金属工具。

术语

矿床是由一定的地质作用在地壳中形成的矿物或其他有用物质的集合体，它的质和量达到了一定的要求，并在现有的经济和技术条件下可以被开采与利用。

矿床包括金属矿床和非金属矿床两类。

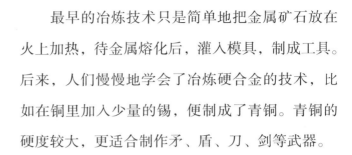

著名的越王勾践剑在地下埋藏2000多年却依然锋利，且没有生锈，原因之一是它采用了金属复合工艺，主要成分是铜，另外还含有少量的锡、铅、铝等。

最早的冶炼技术只是简单地把金属矿石放在火上加热，待金属熔化后，灌入模具，制成工具。后来，人们慢慢地学会了冶炼硬合金的技术，比如在铜里加入少量的锡，便制成了青铜。青铜的硬度较大，更适合制作矛、盾、刀、剑等武器。

目前中国已发现的年代最早的青铜器是一把青铜刀，来自黄河流域的马家窑文化遗址，距今约5000年。长江流域在商朝前期进入青铜器时代，具有发达的青铜文明。

铁的冶炼出现较晚，因为炼铁需要极高的温度。但是，铁矿比铜矿的蕴藏量更丰富，价格更低廉，而且硬度更大。铁的使用彻底改变了人类的生活。

到了近现代，一个国家的钢铁总产量成了国家实力的象征。请设想一下，假如我们的日常生活中缺少了钢铁，会是什么样的境况？

除了建筑石材和金属，化肥的生产也离不开矿物资源。20世纪初，随着世界人口的快速增长，一些人预测食品将供不应求。科学家抓紧研制各种化肥，以提高农作物的单位面积产量。

制造化肥的原料分别来自地球的三个圈层：

○ 春秋时期的越王勾践剑

1. 氮来自大气圈。化学家利用哈柏法,把氮气跟氢气结合,生成氨。

2. 钾来自水圈(湖泊或海洋),通过蒸发而生成。

3. 磷来自岩石圈。比如磷酸岩中所含的磷灰石矿物,通过开采磷矿而获取。

化肥的使用确实大大地提高了农作物产量。

来自地层的能源——化石燃料

化石燃料包括煤、石油和天然气,是储藏在地层中的能源,是由远古时期的生态系统创造出来的。换句话说,煤、石油和天然气是古代生物的遗体深埋地下千百万年,由于各种地质作用而形成的,因而称作化石燃料。

化石燃料的能源大多是由远古植物、浮游植物及蓝细菌通过光合作用而产生的。也就是说,远古的太阳能通过这些生物转化成化学能,并保存在化石燃料中。因此,科学家又把化石燃料称作化石太阳能。

远古生物转化为化石燃料(碳氢化合物),经历了十分复杂的生物和地质作用的过程。

像化石保存的过程一样，首先，大量生物遗体在死后被迅速地掩埋，避免了氧化作用的破坏，这样一来，生物遗体组织中的化学能随着有机质加入周围的沉积物中。在沉积物埋藏过程中，缺氧与增温的环境促进了生物有机质的保存和转化。其后，沉积物成岩过程中的高温高压作用使生物有机质转化成更优质的材料，比如从褐煤到无烟煤，从石油到天然气。

这一过程通常需要千百万年甚至上亿年才能完成。

有人说，石油和天然气分别是现代文明的血液与氧气，那么，煤可以说是工业革命的燃料。

煤是远古森林和沼泽地的产物，少数最古老的煤炭沉积形成于陆生植物出现之前，可能是由藻类形成的。总之，煤是由碳、氢、氧、氮、硫以及少数其他元素组成的，是植物遗体埋藏在沉积物中的产物。

成煤过程经历了极其漫长的地质作用过程，高温高压促进了固定碳（煤的可燃烧的成分）的富集。成煤顺序一般是：

图中，按从左到右的顺序，含碳量越来越高。

人类使用煤炭的历史十分悠久，起初主要用作燃料。

据史料记载，早在公元前1000年左右，中国的先民就开始使用煤，用于取暖、冶炼金属。进入11世纪后，中国人开始利用煤炭发展钢铁工业。如此看来，原本在11世纪后的任何时段，中国都有潜力在世界范围内率先实现工业化。但是，由于保守的封建统治、动乱的北方政局（尤其是13世纪蒙古进攻北方之后，中国的经济重心进一步南移，远离了煤矿资源丰富的北方）等因素，屡次坐失良机。

尽管欧洲人开始使用煤的时间比中国人晚好几百年，然而，到了18世纪中叶，英国领先发生的工业革命却发现了煤炭的新用途。煤炭不再限于取暖和冶炼，还可以作为驱动蒸汽机的能源。蒸汽机的发明，标志着工业化时代和现代文明的开启，而工业革命则是人类历史上最重要的事件之一。

蒸汽机是以煤炭为燃料的发动机，它的发明取代了传统的人力、畜力和水力，火车、轮船和各种机械设备也应运而生。随之而来的是大规模兴建铁路和工厂，工业革命迅速蔓延到欧洲各国和美国。

工业革命带来的一系列技术创新，不仅改变

了人们的传统生活方式，也改变了全社会政治经济形势和国际关系格局。以英国为首的帝国兴起，对外扩张，使世界发生了天翻地覆的变化。

很难想象，所有这一切，竟然都是靠煤炭助燃和推进的！

煤在化石燃料中率先被人类广泛利用，并改变了历史的进程。燃煤也带来一系列环境污染问题，比如空气中的煤尘微粒会形成雾霾。此外，温室效应、酸雨（污染土壤）、重金属污染等，也都是工业化进程中大量燃烧煤炭所带来的令人头痛的问题。

进入20世纪，石油取代煤炭成为主要的化石燃料。一方面是由于燃烧石油比煤炭更清洁（尽管燃烧石油也释放有害的温室气体），另一方面是由于工业革命开始后，经过上百年的大量开采和利用，煤炭资源的开发成本越来越高，人们转向开发和利用石油。

目前，石油是用途最广泛的化石燃料，因为它很容易被转化为热能和电能。

石油不仅为我们提供能源（从驱动汽车到中央供热系统等），而且可以加工成塑料等很多化学制品（包括我们喝饮料的瓶子和身上穿的化纤材料的

英国大作家狄更斯在《荒凉山庄》《雾都孤儿》等经典小说中，生动地描写过19世纪伦敦的糟糕景况。书中的"雾"，就是含有大量PM2.5（细颗粒物）的雾霾。

衣服等），以及合成橡胶。可以说，我们生活中的成千上万种日用品都离不开石油。

正因为石油变成了现代化的血液，所以，20世纪乃至当今的世界政局不稳定地区大多集中在盛产石油的中东地区。这充分说明了石油资源的重要战略地位。

按照一些科学家的预测，倘若人类持续以目前的速度开采和消耗石油，不消半个世纪，地球上可供开采的石油储量就会枯竭。天然气将会变成下一种人类广泛利用的化石燃料。

跟石油一样，天然气也主要来自富含有机质的浅海沉积物，是由巨量微小的海洋生物转化而成的。

天然气主要由甲烷（俗称沼气）构成，是化石燃料中最清洁的一种，燃烧时产生的二氧化碳含量比煤炭和石油平均低70%。天然气除了作为能源燃料（为生活供电、供暖、供气，用作飞机发动机的燃料等），也用于生产塑料与化学制品。

随着传统的石油和天然气资源被消耗得越来越少，科学家逐渐开始把注意力转向非传统的化石燃料资源，比如油砂、页岩油和页岩气。

这些非传统的化石燃料资源不像石油和天然气那样通过钻井就可以用高压泵抽出来，而是要采取一些特殊的开采工艺。

比如对于富含沥青的油砂，可以直接开采，然后运到炼油厂，从沥青中提炼油；或者在油砂中注入混有化学溶剂的蒸汽，直接提取油气。

对于含油气的页岩（称为油页岩），一般采用水力压裂（也称水力裂解）的工艺。这一工艺利用地面高压泵，通过井筒向含油气的页岩层挤注黏度较高的压裂液（掺入化学物质的水），对页岩层进行液压碎裂，用以释放页岩中所含的石油与天然气。

需要指出的是，这类新能源的开采成本往往很高，也常常带来许多环境污染和安全隐患，比如压裂液会污染地下水源和水生生物栖息地。由于页岩气高度易燃，开采过程中若有不慎，会引起爆炸，危及工作人员的人身安全等。

○ 美国与加拿大西部边境地区出露的含油砂和油页岩的地层

更重要的是，非传统的化石燃料资源并不是可再生能源，终究会消耗殆尽。

因此，人类必须寻找可替代的能源。

核能源

核能源又称放射性能源。有些矿物含有放射性元素，比如铀矿中的铀。放射性元素属于不稳定元素，其原子（组成该元素的微小粒子）是不稳定的。不稳定元素会自动分解，释放出粒子或射线，称作放射性。原子结构在分解过程中释放出的能量，又称为原子能或核能。

金属铀是用来生产核能的主要放射性矿物。跟许多金属一样，铀在自然界也不是独立存在的，而是跟其他矿物结合在一起形成铀矿。人们需要通过化学反应，才能把铀从铀矿中提炼出来。

现代火箭主要依靠化学燃料推进，但随着人类对太空的进一步探索，火箭需要更大的动力。科学家一直在努力研究核动力火箭。

从 20 世纪 50 年代起，世界开始进入和平利

用原子能时期。到了 20 世纪 60 年代，核能产业在全球范围内迅速发展。20 世纪 70 年代的中东石油危机加快了各国发展核能的步伐。目前，全世界的核能发电量占总发电量的 10% 以上，其中，法国的核能发电量占全国总发电量的 70% 以上（据 2020 年世界核能产业报告）。近年来，随着国内生产总值（GDP）的高速增长，中国的核电工业也在加速发展。

值得指出的是，核能的和平利用万一发生事故，也会带来灾难性的恶果。这也是目前核能的利弊存在很大争议的主要原因。尽管核电厂释放的污染物一般远远低于化石燃料发电厂，但一旦发生泄漏事故，危害性却是骇人听闻的。

1986 年，乌克兰（当时属于苏联）切尔诺贝利核电厂发生核泄漏事故，造成不计其数的居民伤亡或留下严重后遗症，污染了大片土地，给农业用地带来灾难性后果，是迄今为止人类历史上最重大的核泄漏事故。而 2011 年日本福岛核事故曾迫使十几万人离开家园，核废料至今难以处理。

此外，开采铀矿也会产生放射性废料和污染物。因而，如何更安全地发展核电技术、更高效地处理放射性废料，是科学家为人类和平利用核

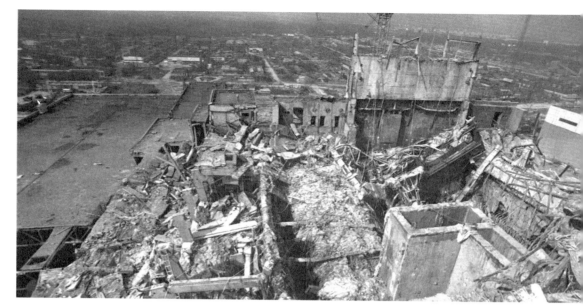

○ 切尔诺贝利核事故现场

能需要努力研究解决的关键问题。

核能给人类带来的最大灾难，莫过于发展核武器并用于核战争。人类首次使用核武器是 1945 年第二次世界大战行将结束时，美国在日本的广岛和长崎各投下一枚原子弹，其灾难性后果令人不寒而栗。

让人们聊以自慰的是，尽管在 20 世纪六七十年代，国际两大敌对阵营曾开展疯狂的核竞赛，但迄今为止，二战结束那次依然是人类历史上唯一一次使用核武器。

然而，一个拥有核武器的世界永远不可能让人高枕无忧——"战争狂人"只需轻轻按动一下按钮，就能瞬间毁灭一个城市或地区。这会是何等恐怖的景象啊！

长期以来，无核化已成为世界上一切爱好和平的人民和国家的共同美好追求。

尾声 "我爱我家"

守卫家园　保护地球

　　写到这里，本书已经使我们对地球有了初步的认识和了解，包括它的主要物理性质、地质演化与生命简史，以及它为我们提供的众多宝贵资源，等等。

　　在浩瀚的宇宙中，地球这颗蓝色的星球是我们眼下赖以生存的唯一家园。

　　尽管现代人类只不过是地球上几千万个生物物种之一，但我们演化出了高度发达的智力水平和独特的语言文化，使我们的活动成为对其他生命乃至地球环境最有影响的因素。尤其是近两三个世纪以来，随着全球工业化与现代化的进程加快、世界范围内的人口剧增及农业密度的大幅增加，自然资源日趋枯竭。

　　在大约 46 亿年的地球历史上，没有任何物种能像人类这样对气候和生态系统施加如此巨大的影响。人类活动已导致了全球气候变暖、森林大面积萎缩、许多生物物种灭绝、生物多样性减少、极地冰川消融、海水酸化、海平面上升、资源枯竭等现象。

目前，气候变化和生态危机是人类面临的最大挑战。

从某种意义上说，人类是个很矛盾的物种。一方面，大量科学证据向人类显示，我们对能源和物质的过度消费是上述各种危机的根源，是对全球生态系统和人类文明的最大威胁；另一方面，无论是从个人层面还是政府层面来说，人类迄今在这方面又作为甚微。

毫无疑问，人类无节制地使用化石燃料，以及挥霍无度的消费主义，是造成气候变暖与环境恶化的元凶。

为了补救几百年来对环境的破坏，我们必须在一定程度上改变我们现在的生活方式，以保障环境的可持续性，保护地球环境，从而保护我们的地球家园。

希望在明天　行动在当下

像人类历史上的历次生产力革命一样，在保障地球环境可持续发展的前提下，要做到生产力的可持续发展，在很大程度上仍然要靠科学技术的发展和进步。

令人欣慰的是，近年来，各国科学家都在积极寻求新的途径，以补救我们过去对环境和资源的破坏和滥用。这无疑给人类的前途带来了新的希望。

目前，"绿色科技"似乎颇有发展前景，它的主导思想是从使用不可再生能源逐步转变为使用可再生能源。很多国家加强了水利大坝、风力发电厂和太阳能电池板的建设，在有条件的火山地区加强利用地热能。

美国、巴西等国使用玉米、甘蔗生产乙醇生物燃料，并添加到汽油中；越来越多的汽车使用乙醇汽油或充电电池。中国、印度等国还通过燃烧腐败动植物产生生物燃料。

目前，全球近一半的能源投资用于建设可再生能源项目。将来，绿色能源有望逐步代替化石燃料为人类供电。

绿色能源的生产还能提供许多新的就业机会，减少二氧化碳排放量，并提高能源的安全性，极大地有助于环境保护。

在生命演化史上，人类这一物种能成功的独特优势是其智慧和文化。只要我们充分认识到能源和环境危机的严重性和迫切性，各国人民共同努力，完全有希望在工业革命和信息革命之后再度创造出崭新的绿色文明。

"千里之行，始于足下。"作为个体，我们不应该无所作为、坐享其成，而应该从日常生活中的一点一滴做起，从节约一粒米、一张纸到少用一个塑料袋做起，保护我们的环境，拯救我们共同的家园——地球。

在漫长的地球历史上，大自然的力量打造了无数奇观。以下是一些令我印象深刻的地质景观，希望你也有机会欣赏地球的这些杰作！

黄山

黄山位于中国安徽省，主体由花岗岩构成，主峰莲花峰海拔1864米。黄山以奇松、怪石、云海、温泉"四绝"著称。

黄山在4亿多年前为一片海洋，在约2亿年前三叠纪的地壳运动中变为陆地，之后历经多次造山运动和第四纪冰川期，才逐渐形成现在的面貌。

黄山属于世界自然与文化双重遗产，对于游客、诗人、画家和摄影师而言，具有永恒的魅力。

波浪谷

  波浪谷位于美国亚利桑那州与犹他州交界处,主体是红色的砂岩。岩石上的纹路像波浪一样,因而得名。纹路的变化反映出每层砂岩随着沉积矿物质的含量不同而产生的颜色深浅差异。

  直到20世纪80年代,波浪谷才被人们发现,成为世界著名的岩石奇观。为了保护波浪谷的地质构造,景区每天只允许二十名游客进入。

布道石

布道石位于北欧的挪威境内，是一块巨大的岩石，在上万年前由于冰川运动而形成。

布道石与下方的峡湾垂直落差达604米，相当于一座200层高的楼，号称世界上"最高的自然观景平台"。站在布道石上面，人们可以俯瞰美丽的峡湾风光。

布道石是各国旅行者心目中的圣地，曾被评为"全球50处最壮丽的自然景观"之首。

落基山

　　落基山脉纵贯北美大陆，经历了长达1亿年的地貌变迁史。在白垩纪初期，此处是一片浅海。后来，由于板块碰撞，落基山一带经历了多次造山运动和火山喷发，形成巨大的褶皱山系，又经过冰川的侵蚀，留下了冰川地貌。

　　直到1万多年前，落基山的冰盖融化，才形成了今人看到的雪山、冰原、湖泊、草甸、河流、原野、森林、峡谷等多元化的地貌种类。

　　图为加拿大落基山班夫国家公园，堪称世界一流的旅游地。

尼亚加拉瀑布

尼亚加拉瀑布位于加拿大与美国交界处，上接伊利湖，下接安大略湖，两湖地势相差近百米。

更新世时期，大陆冰川后撤，陡峭的岩石断层暴露出来，被来自伊利湖的洪流淹没，形成了如今的尼亚加拉瀑布。根据冰川后撤的速度推算，瀑布在7000多年前就形成了。

瀑布的长年冲蚀使石灰岩崖壁不断坍塌，致使瀑布逐步向上游方向后退。上百年来，加拿大和美国采取控制水流、加固崖壁等措施，尽量减缓瀑布的后退速度，以保护这一世界奇观。

云南石林

　　云南石林位于中国云南省，被誉为"世界喀斯特地貌的精华"。这里石灰岩广布，可以看到溶洞、溶丘、峰丛、溶蚀洼地、地下瀑布、地下河等多种壮丽的景观。

　　约 2.7 亿年前，石林一带为海洋，海底沉积形成了数百米厚的石灰岩。石灰岩层经过地壳抬升，变成了高原。在长期的溶蚀作用和风化作用下，这些石灰岩形成丰富多样的石芽、石峰、石柱等地貌。

居维叶

Georges Cuvier

1769—1832

法国解剖学家、动物学家

莱伊尔

Charles Lyell

1797—1875

英国地质学家、律师

达尔文

Charles Robert Darwin

1809—1882

英国博物学家、生物学家

哥白尼

Nicolaus Copernicus

1473—1543

波兰数学家、天文学家

斯坦诺

Nicolaus Steno

1638—1686

丹麦解剖学家、地质学家

布封

Georges Louis Leclerede Buffon

1707—1788

法国博物学家、作家

老普林尼

Gaius Plinius Secundus

23（或 24）—79

古罗马作家、博物学者、政治家

小普林尼

Gaius Plinius Caecilius Secundus

61（或 62）—约 113

罗马帝国律师、作家

张衡

Zhang Heng

78—139

中国东汉发明家、天文学家、文学家

魏格纳

Alfred Lothar Wegener

1880—1930

德国气象学家、地球物理学家

霍姆斯

Arthur Holmes

1890—1965

英国地质学家

霍　金

Stephen William Hawking

1942—2018

英国物理学家、宇宙学家

康　德

Immanuel Kant

1724—1804

德国哲学家

赫　顿

James Hutton

1726—1797

英国地质学家、医生、化学家

威廉·史密斯

William Smith

1769—1839

英国地质学家

沈　括

Shen Kuo

1031—1095

中国北宋官员、科学家

朱　熹

Zhu Xi

1130—1200

中国南宋思想家、教育家

达·芬奇

Leonardo da Vinci

1452—1519

意大利科学家、艺术家

予奉使河北，边太行而北。山崖之间，往往衔螺蚌壳及石子如鸟卵者，横亘石壁如带。

此乃昔之海滨，今东距海已近千里。所谓大陆者，皆浊泥所湮耳。

尧殛鲧于羽山，旧说在东海中，今乃在平陆。凡大河、漳水、滹沱、涿水、桑干之类，悉是浊流。今关、陕以西，水行地中，不减百余尺。其泥岁东流，皆为大陆之土，此理必然。

——沈括《梦溪笔谈·杂志一》

解析：沈括在地质学、物理学、数学、天文学、医学、文学、艺术、史学等方面皆有造诣，代表作有《梦溪笔谈》。他在太行山发现海螺、蚌壳等生物化石，感悟到大地的运动、海陆的变迁。

鄜、延境内有石油，旧说"高奴县出脂水"，即此也。

生于水际，沙石与泉水相杂，惘惘而出，土人以雉尾裛之，乃采入缶中。颇似淳漆，燃之如麻，但烟甚浓，所沾帷幕皆黑。

予疑其烟可用，试扫其煤以为墨，黑光如漆，松墨不及也，遂大为之，其识文为"延州石液"者是也。此物后必大行于世，自予始为之。

——沈括《梦溪笔谈·杂志一》

解析：中国在汉代已经发现并开始利用石油。沈括在上任途中，以极大的兴趣考察了石油的开采与利用，并第一次正式为石油命名，名称沿用至今（日语"石油"一词也来源于此），并做出了科学的预测。

今高山上多有石上蛎壳之类，是低处成高。又蛎类生于泥沙中，今乃在石上，则是柔化为刚。天地变迁，何常之有？

——朱熹《朱子语类》

解析：朱熹是哲学家、教育家、诗人。他很重视沈括的《梦溪笔谈》，并对其中的许多科学观点进行阐明与发挥。

康熙七年六月十七日戌时，地大震。

余适客稷下，方与表兄李笃之对烛饮。忽闻有声如雷，自东南来，向西北去。众骇异，不解其故。

俄而几案摆簸，酒杯倾覆。屋梁椽柱，错折有声。相顾失色。久之，方知地震，各疾趋出。

见楼阁房舍，仆而复起。墙倾屋塌之声，与儿啼女号，喧如鼎沸。人眩晕不能立，坐地上，随地转侧。河水倾发丈余，鸡鸣犬吠满城中。

逾一时许，始稍定。视街上，则男女裸体相聚，竞相告语，并忘其未衣也。

后闻某处井倾侧不可汲，某家楼台南北易向。栖霞山裂，沂水陷穴广数亩。此真非常之奇变也。

——蒲松龄《聊斋志异·地震》

解析：蒲松龄记录的这次地震，是历史上有名的郯城大地震。地震发生在清朝康熙七年（1668年），震级为里氏8.5级，震中在山东省郯城县一带，距离蒲松龄的家乡临淄约150千米。

同学们，在本书中，我们提到了不少地球科学领域的专业名词。现在，让我们一起认识一些名词的英语叫法。熟悉了它们，你以后阅读英语科普文章就更容易了！

宇宙　cosmos

宇宙大爆炸　Big Bang

奇点　Singularity

黑洞　black hole

银河　milky way

银河系　galactic system

太阳系　solar system

恒星　star

行星　planet

地球　earth

赤道　equator

彗星　comet

陨石　meteorite

地球科学　earth science

地质学　geology

深时　deep time

化石　fossil

化石燃料　fossil fuel

太阳能　solar energy

化石太阳能　fossilized solar energy

煤　coal

石油　petroleum

天然气　natural gas

可再生资源　renewable resources

不可再生资源　nonrenewable resources

温室效应　greenhouse effect

油砂　oil sand

页岩油　shale oil

页岩气　shale gas

核能　nuclear energy

核泄漏　nuclear leak

核电站　nuclear power plant

地震 earthquake

地震学 seismology

地震仪 seismograph

地震带 earthquake belt

震级 earthquake magnitude

余震 aftershock

海啸 tsunami

火山 volcano

火山活动 volcanic activity

火山喷发 volcanic eruption

火山弹 volcanic bomb

活火山 active volcano

死火山 extinct volcano

休眠火山 dormant volcano

岩浆 magma

岩浆活动 magmatism

海洋 ocean

板块 plate

褶皱 fold

断层 fault

地壳运动 crustal movement

泛大陆 Pangaea

海底扩张 seafloor spreading

古生物学 paleontology

演化论 evolution theory

生物大灭绝 mass extinction

三叠纪 Triassic

侏罗纪 Jurassic

白垩纪 Cretaceous

无脊椎动物 invertebrate

海绵 sponge

珊瑚 coral

菊石 ammonite

三叶虫 trilobite

昆虫 insect

脊椎动物 vertebrate

鱼类 fish

两栖动物 amphibian

爬行动物 reptile

恐龙 dinosaur

鸟类 bird

哺乳动物 mammal

原始人类 hominid

智人 Homo sapiens

旧石器时代 Paleolithic Age

新石器时代 Neolithic Age

后 记

　　近年来，我写了好几本有关生命科学的科普书，深受广大读者喜爱。我一直在想，迄今所知，在浩瀚的宇宙中，生命很可能是出现在地球上的独特现象。那么，大家会不会也对地球感兴趣呢？答案应该是肯定的。

　　一般来说，地球可分为四个圈层，从外到里依次为大气圈、水圈和岩石圈，生物圈则是跨圈层分布的——从大气圈到岩石圈，几乎到处都有生命的痕迹，比如生活在高空的生物、江河湖海里的水生生物、陆地上的动植物、土壤中的各种微生物，以及岩石中的古生物化石，都是现代或过去的生命记录。不了解地球，就不算真正地了解生命。因此，当青岛出版社编辑宋华丽女士约请我为青少年朋友们撰写一系列"自然"主题的科普图书的时候，我决定第一本就给大家介绍地球科学。

　　我这么做，至少基于三方面考虑：第一，地球科学具有重要性和趣味性。在科学史上，18世纪被视为数学和天文学时代，20世纪被视为物理学时代，21世纪被视为生命科学时代，而19世纪是地球科学时代。在达尔文生活的19世纪，地质学曾是最高贵的科学，也是最引人入胜的学科，吸引了一大批贵族和社会名流（地质学的奠基人赫顿与莱伊尔都是学法律出身）。第二，在我的多个学位中，我的本科是地质学专业，硕士是古生物学专业，博士是地质学和动物学双学位。因此，地球科学与生命科学一直是我终生学习和研究的两大领域，我写起来比较得心应手。第三，相比生命科学领域的科普著作，地球科学方面的科普著作较少，尤其是中文世界的原创地球科学科普著作更少，我乐意试一试。

选择青岛出版社出版这套丛书，也算是一种因缘际会。2014年，我的科普图书处女作《物种起源（少儿彩绘版）》问世不久，豆瓣网上出现了一篇十分有见地的读者书评，令接力出版社与我本人都十分惊喜。后来，那篇书评的作者就成了你手上这本书的策划与责任编辑！自最初那本书之后，随着大家对我的逐步了解，约请我写书的出版社也越来越多。我分身乏术，不得不割爱谢绝很多出版社的诚意约稿，其中包括一些名气很大的出版社。但是，当宋华丽女士向我约稿时，我不假思索地答应了下来，并且立即投入创作，而青岛出版社接到书稿后，也立即投入编辑和制作。因此，本系列的第一本在一年之内就与读者见面了。

我是比较老派的人，一向信奉"士为知己者死，女为悦己者容"。借此机会，我再次感谢宋华丽女士多年来对我的信任、鼓励和支持！同时，我们也感谢青岛出版社有关领导（连建军、魏晓曦等）对我的信任及对本项目的大力支持。我尤其要感谢我的同事和朋友们为本书无偿提供了许多珍贵图片，他们是戎嘉余、沈树忠、朱敏、王原、傅强、蒋青等。另外一些图片来自视觉中国、动脉影、维基共享资源等。同时，感谢我的同事和好友们多年来对我科普创作的鼓励和支持，包括张弥曼院士、周志炎院士、戎嘉余院士、周忠和院士、沈树忠院士、王原、徐星、张德兴、史军、张劲硕、严莹、胡金环、朱丽丽、于海宝、刘平、陈叶、宋旸、陈红、郝昕昕、Jay Lillegraven、Hans-Peter Schultze、Jim Beach 等。

最后，我要特别感谢我的朋友沈树忠院士在百忙之中拨冗为本书赐序。

毋庸赘言，对于多年来支持我的广大读者、教育工作者及媒体朋友，我一直深怀感恩之情！

品牌介绍

　　知识无边界，学科划分不是为了割裂知识。中国自古有"多识于鸟兽草木之名""究天人之际，通古今之变"的通识理念，西方几百年来的科学发展历程也闪烁着通识的光芒。如今，通识正成为席卷全球的教育潮流。

　　"科学＋"是青岛出版社旗下的少儿科普品牌，由权威科学家精心创作，从前沿科学主题出发，打破学科界限，带领青少年在多学科融合中感受求知的乐趣。

　　苗德岁教授撰写的系列图书涉及地球、生命、人类进化、自然环境、生物多样性等主题，为"科学＋"品牌推出的首批作品，本书为第一册。**第二册《生命礼赞》、第三册《恐龙绝响》即将出版。**